大型游乐设施安全知识问答

广东省特种设备检测研究院
广东省质量监督游乐设施及游戏游艺机检验站　编著

中国质检出版社
中国标准出版社
北　京

图书在版编目(CIP)数据

大型游乐设施安全知识问答/广东省特种设备检测研究院,广东省质量监督游乐设施及游戏游艺机检验站编著.—北京:中国标准出版社,2019.3

ISBN 978-7-5066-9192-5

Ⅰ.①大… Ⅱ.①广…②广… Ⅲ.①游乐场-设施-安全管理-问题解答 Ⅳ.①TS952.8-44

中国版本图书馆CIP数据核字(2018)第277729号

中国质检出版社
中国标准出版社
出版发行

北京市朝阳区和平里西街甲2号(100029)
北京市西城区三里河北街16号(100045)

网址:www.spc.net.cn

总编室:(010)68533533 发行中心:(010)51780238

读者服务部:(010)68523946

中国标准出版社秦皇岛印刷厂印刷

各地新华书店经销

*

开本 787×960 1/32 印张 6.75 字数 108 千字

2019年3月第一版 2019年3月第一次印刷

*

定价 25.00 元

《大型游乐设施安全知识问答》

编　委　会

前　言

大型游乐设施属于特种设备的一种，是承载游客进行游乐的载体。大型游乐设施广泛使用于游乐园、主题公园及城市综合体等文化、旅游行业。据统计，我国游乐行业投资已接近1800亿元，年营业收入达200亿元。随着社会经济蓬勃发展和人民生活水平日益提高，人们对于物质文化生活的要求越来越高，双休日和“五一”“十一”等长假也使人们有更多的休闲娱乐时间。这些都为游乐行业的快速发展提供了消费基础，也创造了绝佳条件，但同时也提出了新的要求。

由于大型游乐设施的质量和安全关系到游客的生命与健康，因此倍受人们关注。大型游乐设施设计、制造、安装、使用、维修、管理是涉及质量和安全的几个重要环节，其中使用、维修、管理环节更是与安全密切关联，是保证设备安全运营的关键环节。据统计，70%以上大型游乐设施事故是由于大型游乐设施使用、维修、管理不当造成的。

为了让广大游客了解大型游乐设施基础知识，熟悉大型游乐设施管理与乘坐的基本要求，也为了方便大型游乐设施使用和管理人员学习，编者特编写了此书。

本书共分为五大部分，包括大型游乐设施的基础知识、安全管理、安全运营、安全乘坐以及法规标准。本书最大的特点是理论联系实际，较为全面、系统地介绍了大型游乐设施基本特性、安全运营、使用管理和法律法规等方面的相关知识，既有助于提高大型游乐设施从业人员的理论水平、基本技能和安全意识，也能快速指导游客安全乘坐。

本书在编写过程中参阅了大量大型游乐设施标准与技术书籍、论文，得到业内诸多专家学者的支持。在此，编者对本书出版给予支持、帮助的所有专家学者同行们表示诚挚的感谢！

限于时间仓促和编者的水平、经验，书中难免有不妥之处，敬请各位读者批评指正。

编　者

2019年3月　佛山

目　录

一、大型游乐设施基础知识

1. 大型游乐设施是否属于特种设备?

特种设备是指涉及生命安全、危险性较大的锅炉、压力容器(含气瓶,下同)、压力管道、电梯、起重机械、客运索道、大型游乐设施。其中锅炉、压力容器(含气瓶)、压力管道为承压类特种设备;电梯、起重机械、客运索道、大型游乐设施为机电类特种设备。

2. 中国游乐设施行业是什么时候兴起的?

我国游乐设施行业起步较晚,大型现代游乐设施从20世纪80年代才开始出现。1980年,国外赠送给中国一台"登月火箭",安装在北京中山公园。这是我国第一台大型现代游乐设施,标志着中国有真正意义上的游乐设施。国外游乐设施的出现和国人对游乐设施的企盼,推动我国对游乐设施的研制。1980年,一批科研设计人员开始投身到游乐设施的设计行列之中,开发设计了登月火箭、游龙戏水、自控飞机、转马、飞象、空中转椅等现代游乐设施,填补了国内游乐设施设计制造的空白。1981年,我国自行设计制造的第一批现代大型游乐设施首先在大庆儿童公园安装,受到了广大顾客、特别是青少年和儿童的热烈欢迎,国产游乐设施的设计制造和使用由此揭开了序幕。

3. 游乐场(园)的定义是什么?

以游乐设施为主要载体,以娱乐活动为重要内容,为游客提供游乐体验的合法经营场所。例如广州长隆欢乐世界、深圳欢乐谷、深圳东部华侨城等属于以经营大型游乐设施为主的大型游乐场(园),而广州儿童公园、深圳儿童乐园等则属于经营大型游乐设施为主的中小型的游乐场(园)。

4. 游艺机、游乐设施和大型游乐设施在定义上有何区别?

游艺机:是一种具有动力驱动,供游客进行游乐的器械。随着游乐业的发展,这类游乐器械现已被统称为游乐设施,游艺机这一名称使用已越来越少。

游乐设施:这是一种在特定的区域内,承载游客游乐的运动载体。广义上既包括具有动力的游乐器械,也包括为游乐而设置的构筑物和其他附属装置以及无动力的游乐载体。

大型游乐设施:这是一种用于经营目的,承载游客游乐的最大运行线速度大于或者等于 2 m/s,或者运行高度距地面大于或者等于 2 m 的大型载人游乐设施。

5. 大型游乐设施种类繁多,而且运动形式各有不同,通常如何分类?

目前主要是按游乐设施的结构和运动形式进行分

类管理，即把结构和运动形式类似的游乐设施划为一类，每类游乐设施用一种常见的有代表性的游乐设施名称命名，作为该类型游乐设施的基本型。如：“转马类游艺机”“转马”即为基本型，与“转马”结构和运动形式类似的游乐设施均属于转马类。

6. 根据《特种设备目录》，大型游乐设施可以分为哪几大类？

游乐设施可以分为13个大类，分别为：观览车类（代码6100）、滑行车类（代码6200）、架空游览车类（代码6300）、陀螺类（代码6400）、飞行塔类（代码6500）、转马类（代码6600）、自控飞机类（代码6700）、赛车类（代码6800）、小火车类（代码6900）、碰碰车类（代码6A00）、滑道类（代码6B00）、水上游乐设施（代码6D00）以及无动力游乐设施（代码6E00）。

7. 大型游乐设施的功能和构成是什么？

大型游乐设施主要功能是娱乐，有些大型游乐设施还具有健身的功能。大型游乐设施种类繁多，是典型的机电一体化产品。大型游乐设施主要由机械、结构、电气、液压系统和气压系统等部分组成。其中，机械的作用是实现运动，结构是解决承载能力，电气起控制与拖动的作用，液压和气压则是实现传动的方式。

8. 大型游乐设施是怎样分级的？

根据游乐设施的危险程度，将纳入安全监察的游乐设施划分为A、B、C三级。分级参数有:乘客数量、运行高度、轨道高度、运行速度、长度、单侧摆角、回转直径、倾角。

以摩天轮为例,是采用运行高度参数分级。高度≥50米的属于A级设备;30≤高度<50米的属于B级设备;而其他的属于C级设备。

以过山车为例,是采用速度及轨道参数分级。速度≥50千米/小时,或者轨道高度≥10米的属于A级设备;20千米/小时≤速度<50千米/小时,且3米≤轨道高度<10米的属于B级设备,其他的属于C级设备。

9. 大型游乐设施分级参数中的"乘坐人数"是怎样定义?

指设备额定满载运行过程中同时乘坐游客的最大数量。

10. 大型游乐设施分级参数中的"运行速度"是怎样定义?

指大型游乐设施运行过程中座舱达到的最大线速度,水上游乐设施指乘客达到的最大线速度。

11. 大型游乐设施分级参数中的"运行高度"是怎样定义?

指大型游乐设施乘客约束物支承面(如座位面)距安装基面运动过程中的最大垂直距离。

对无动力类游乐设施，指乘客约束物支承面(如滑道面、吊篮底面、充气式游乐设施乘客站立面)距安装基面的最大垂直距离，其中高空跳跃蹦极的运行高度是指起跳处至下落最低的水面或地面。

12. 大型游乐设施分级参数中的“回转直径”是怎样定义?

对绕水平轴摆动或旋转的设备，指其乘客约束物支承面(如座位面)绕水平轴的旋转直径。

对陀螺类大型游乐设施，指主运动做旋转运动，其乘客约束物支承面(如座位面)最外沿的旋转直径。

对绕垂直轴旋转的大型游乐设施，指其静止时座椅或乘客约束物最外侧绕垂直轴为中心所得圆的直径。

13. 转马类大型游乐设施有哪些?有何共同运动特点?

转马类大型游乐设施有：旋转木马、转转杯、滚摆舱、爱情快车等。它们共同的运动特点是乘骑绕垂直轴旋转、升降。

14. 旋转木马的结构型式和运动形式有何特征?

旋转木马是转马类大型游乐设施的一种典型产品。其由传动机构带动转盘绕垂直中心轴旋转，转盘上的乘骑模仿骏马同时作起伏跳跃运动，酷似一群转动的马匹而得名，配备壮观而华丽吸引游客的外观造型、马匹及马车具有传统色彩且丰富的装饰，伴随音乐、灯饰，使游客犹如在骑马上下跳跃，是一项平稳安全、老少咸宜的游乐设施。旋转木马主要由转盘、顶棚、木马、驱动机构、传动机构、操作控制台等部分组成，结构简图见图 1-1。

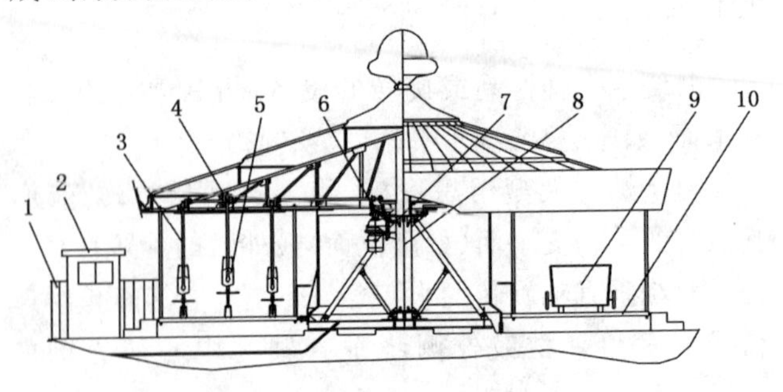

1—安全栅栏；2—操作控制室；3—吊杆；4—曲轴；5—乘骑；6—圆锥齿轮副、圆柱齿轮副；7—传动机构（电动机、液力偶合器、减速机、回转支承）；8—中心轴；9—马车；10—转盘

图 1-1　旋转木马

15. 转转杯的结构型式和运动形式有何特征？

转转杯是转马类大型游乐设施的一种典型产品。设备设有大转盘、小转盘和转杯；大转盘上有三个小转盘，每个小转盘又有三个转杯；转杯是游客的座舱，除绕自身中心轴旋转外，还绕转盘中心转动；各个小转盘又绕大转盘中心转动，游客坐在杯中，体验多重复合转动带来的乐趣；游客可根据自身承受极限程度，通过中间手轮手动转动座舱，从而获得更刺激的自转速度；每杯能坐四人，适合一家大小和不同年龄的游客参与。转杯座舱和装饰、造型美观、生动亮丽，深受游客的喜爱。转转杯主要由大转盘、小转盘、转杯、旋转支座、驱动系统、操作控制系统等部分组成，结构简图见图1-2。

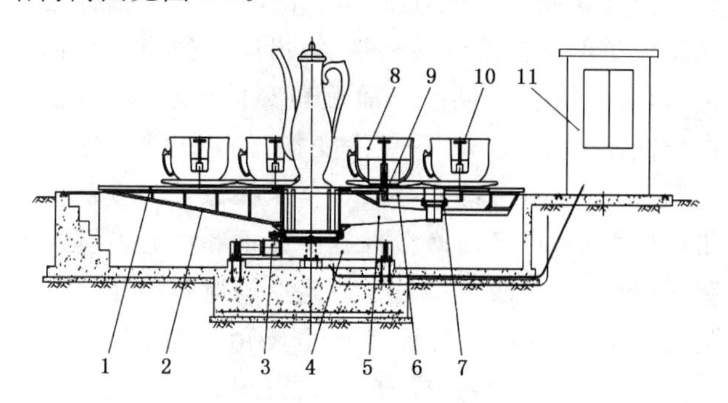

1—大转盘；2—大转盘支承架；3—大转盘回转支承及减速电机；4—底座；5—小转盘支承梁；6—转盘；7—回转支承及减速电机；8—转杯；9—旋转支座；10—手轮；11—控制操作室

图1-2　转转杯

16. 滑行车类的大型游乐设施有哪些？有何共同运动特点？

滑行车类的大型游乐设施有：十环过山车、家庭过山车、自旋滑车、滑行龙、松林飞鼠、激流勇进和弯月飞车等。它们的共同特点是沿架空轨道运行或提升后惯性滑行。

17. 自旋滑车的结构型式和运动形式有何特征?

自旋滑车是滑行类游乐设施的一种典型产品,属于多车系列。其特点是沿架空轨道提升后惯性滑行,每个独立运行于轨道上的车子由动力提升机构把车辆从轨道低处提升到最高端后,沿既定轨道自由向下滑行,起伏滑行的同时座舱旋转穿梭于轨道中,滑行的方向不停左右、上下起伏变换,风驰电掣,呼啸而过,但游客稳坐于设有可靠安全压杠保护装置和安全带的座舱上,尽情领略在自旋中失重和离心的强烈感受,极度惊险刺激,惊心动魄,是一项对青少年极具挑战性的游乐项目。自旋滑车主要由车体、驱动系统(提升装置)、制动系统、轨道、站台、基础、电气控制等部分组成,结构简图见图 1-3。

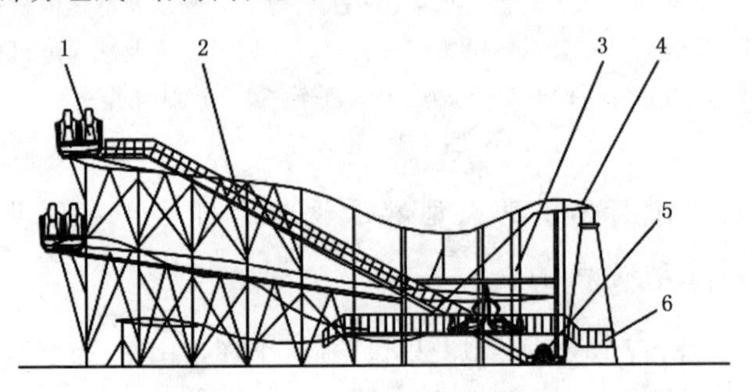

1—滑行车;2—提升段;3—立柱;4—轨道;
5—提升机构;6—安全栅栏

图 1-3 自旋滑车

18. 滑行龙的结构型式和运动形式有何特征？

滑行龙是滑行类游乐设施的一种典型产品，属于单车系列。其特点是沿架空轨道运行，以龙头和龙尾为造型，整个列车由前后两个传动部驱动，沿着两个螺旋形轨道行驶，时而盘旋而上，时而急速下降，既有娱乐性、趣味性，又具有刺激性，老幼皆宜。乘坐过程中给游客带来新奇、快乐的感觉。典雅的龙造型和具有民族特色的装饰，更增添游人的兴致，是一种深受群众喜爱的游乐设施。滑行龙主要由车体、驱动系统、制动系统、轨道、站台、基础、电气控制等部分组成，结构简图见图 1-4。

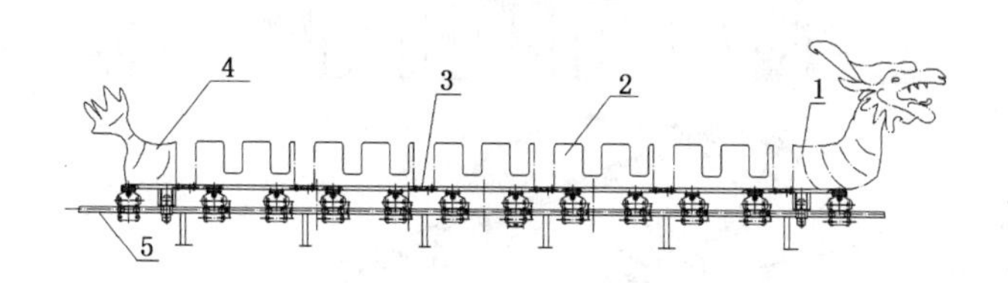

1—龙头驱动总成；2—车厢总成；3—连接总成；
4—龙尾驱动总成；5—轨道总成

图 1-4　滑行龙

19. 激流勇进的结构型式和运动形式有何特征？

激流勇进是滑行类游乐设施的一种典型产品，属于多车系列，是一种特殊的水上机动大型游乐设施。它的主要特点是沿架空轨道提升后惯性滑行，当游客从站台上船并压好安全压杠后，操作人员放船出发，船出站后沿水道飘流到提升机构，船被慢慢提升到轨道的最高峰，沿着架空轨道滑行一段时间，然后到达下冲段；船在下冲段变速下滑冲浪，并溅起巨大壮观水花，完成冲浪后顺水漂流回到站台，全航程完毕；游客在游玩过程中体会高速冲浪、失重、有惊无险的各种刺激感受，欣赏漫天浪花水帘震撼的奇景，其乐无穷。激流勇进主要由站台、停船装置、泵站、控制室、水槽、提升机构、提升轨道、高架轨道等部分组成，结构简图见图1-5。

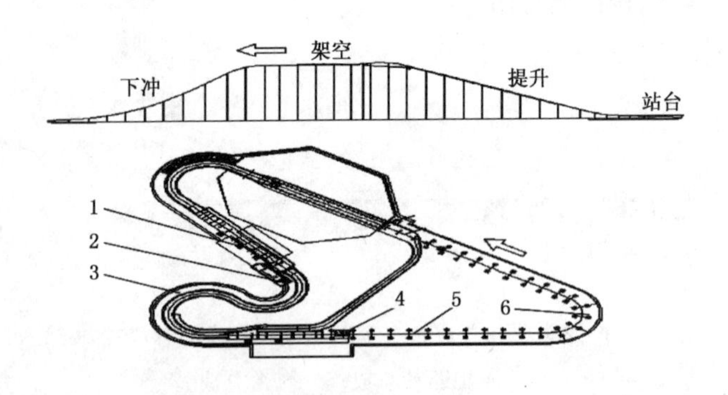

1—站台：驱、制动装置；2—控制室；3—水槽；
4—提升机构；5—提升轨道；6—高架轨道

图1-5 激流勇进

20. 陀螺类大型游乐设施有哪些？有何共同运动特点？

陀螺类游乐设施有：空中飞舞、双人飞天、迪士高转盘、风火轮和逍遥水母等。它们共同的运动特点是乘人部分绕可变倾角的轴旋转。

21. 空中飞舞的结构型式和运动形式有何特征？

空中飞舞是陀螺类游乐设施的一种典型产品，属于组合式系列。它由自由臂、回转臂和升降臂构成三维空间，是多种运动形式组合的陀螺类游乐设施；通过液压系统支撑油缸将设备整体升高，随着回转盘、回转臂正反旋转，自由臂又在重力作用下作无规律性自由旋转，使乘坐在自由臂座舱上的游客在空中作上下、前后、左右、快慢、正反等“无序”翻滚，座舱的复杂运动，使乘客犹如在空中飘忽不定地飞舞，体验天翻地覆的感觉，是一项刺激性极强，青少年十分喜爱的游乐设施项目。它主要由座椅、自由臂、转盘主体、液压驱动系统、支撑油缸、支脚、气动系统、控制室等组成，结构简图见图 1-6。

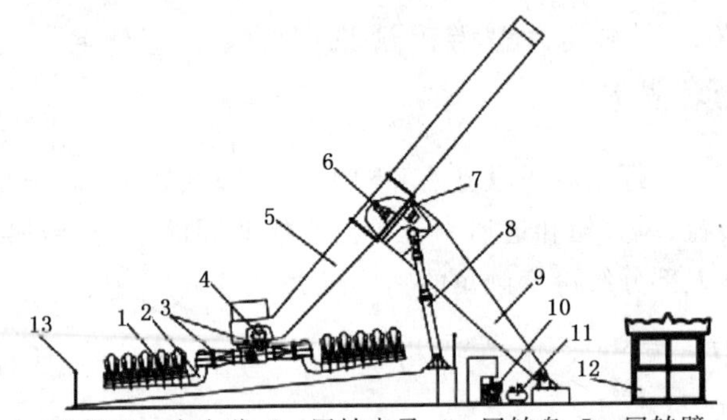

1—座椅;2—自由臂;3—回转支承;4—回转盘;5—回转臂;
6—液压马达;7—回转支承;8—支撑油缸;9—支腿;
10—液压驱动系统;11—气动系统;12—控制室;13—安全栅栏

图 1-6　空中飞舞

22. 双人飞天的结构型式和运动形式有何特征?

双人飞天是陀螺类游乐设施的一种典型产品,是利用离心力的一种绕倾斜轴回转的游乐设施,外型美观,色彩鲜艳,非常受青少年欢迎。机器启动后,转盘逐渐转动,游客乘坐的吊椅被斜着甩动,来回上升、下降,使座椅中的乘客尽情领略因重力变化而被抛在空中的新鲜感,犹如乘坐降落伞一般在空中徘徊。它主要由站台、转盘主体、升降系统、液压传动装置、控制系统等组成,结构简图见图 1-7。

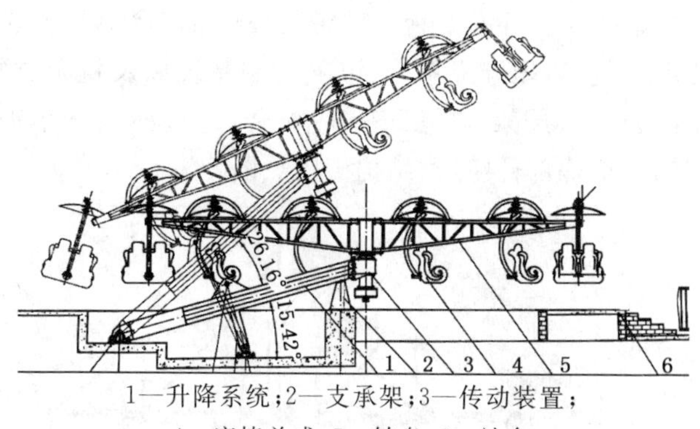

1—升降系统;2—支承架;3—传动装置;
4—座椅总成;5—转盘;6—站台

图 1-7 双人飞天

23. 飞行塔类大型游乐设施有哪些?有何共同运动特点?

飞行塔类游乐设施有:摇头飞椅、青蛙跳、跳楼机、飞行塔和观览塔等。它们主要运动特点是用挠性件悬吊并绕垂直轴旋转、升降。

24. 摇头飞椅的结构型式和运动形式有何特征?

摇头飞椅是飞行塔类大型游乐设施的一种典型产品。其特点是用挠性件把座椅吊挂在转伞架上,通过传动机构旋转塔架,在旋转的同时,液压升降装置使转伞上座舱整体作上升和下降、以及变换倾角运动,来回升降,游客犹如坐降落伞般在天空飞翔飘荡,惊心动魄;加上吸引游客的飞行外观造型和音响,是一项较刺激,适合青少年游玩的一种飞行塔类游乐项目。摇头飞椅主要由底座机架、公转传动装置、自转传动装置、液压升降系统、电气控制系统以及机架、联结筒、立柱、托架、转盘、座椅、安全保护装置、豪华玻璃钢外罩等部件组成，结构简图见图1-8。

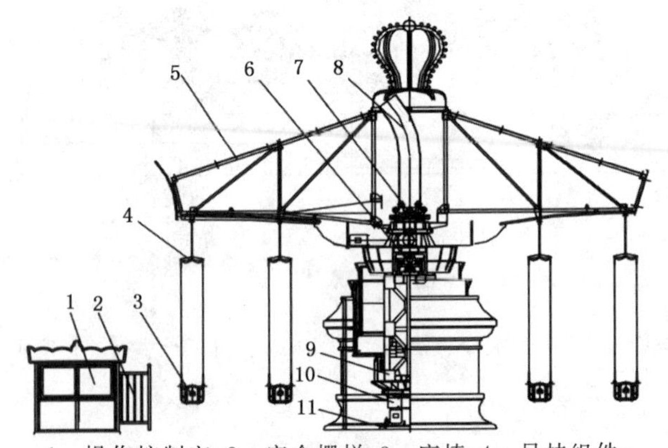

1—操作控制室；2—安全栅栏；3—座椅；4—吊挂组件；5—转伞架；6—液压升降装置；7—导向滑行架；8—导向弯轨；9—机架；10—传动机构；11—底座

图1-8 摇头飞椅

25. 跳楼机的结构型式和运动形式有何特征?

跳楼机(也有名叫“探空梭”)是飞行塔类大型游乐设施的一种典型产品。跳楼机乘坐台可将乘客载至高空，然后以几乎重力加速度垂直向下跌落，最后通过机械装置将乘坐台在落地前停住，这种利用物理学中的自由落体现象设计的游乐器材，也以自由落体命名。跳楼机主要由立架、升降车、提升装置、气压传动装置、控制系统等组成，结构简图见图1-9。

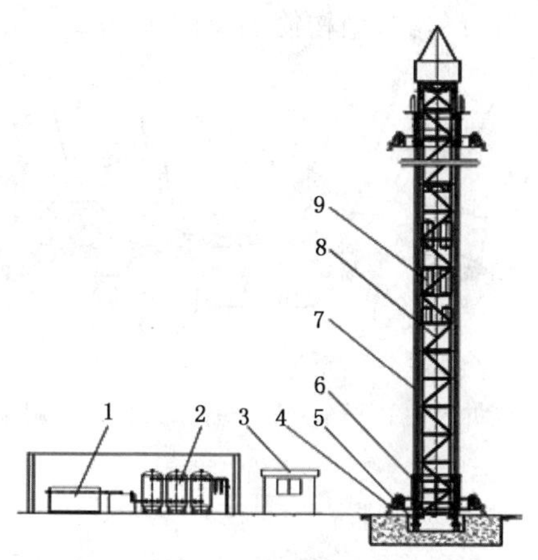

1—空压机、干燥机；2—贮气罐；3—电气控制操作室；
4—座舱；5—底座；6—滑行架；7—立架；
8—气动部件：气缸、钢丝绳、滑轮组；9—发射气罐

图 1-9 跳楼机

26. 赛车类大型游乐设施有哪些？有何共同运动特点？

常见的赛车类大型游乐设施有：场地赛车、越野赛车等。它们共同的运动特点是车辆在地面限定的车道或区域内行驶。

27. 小跑车的结构型式和运动形式有何特征？

小跑车是赛车类大型游乐设施的一种典型产品。小跑车运行是通过汽油发动机提供动力，经减速机和链轮传动机构带动跑轮转动；小跑车设置驾驶方向盘，设置加油和刹车踏板，配置安全带在专用跑车道

上由乘客自行驾驶，结构简图见图 1-10。

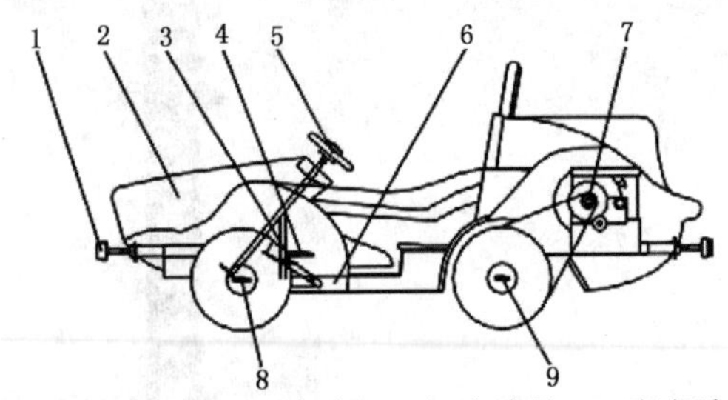

1—防撞缓冲装置；2—车壳；3—加油踏板；4—刹车踏板；
5—方向盘；6—车架；
7—驱动机构(发动机、减速箱、链轮、链条等)；
8—前跑轮；9—后跑轮

图 1-10 小跑车

28. 自控飞机类大型游乐设施有哪些？有何共同运动特点？

常见的自控飞机类大型游乐设施有：自控飞机、弹跳机、小蜜蜂、花仙子乐园等。它们的运动特点是乘人部分绕垂直轴旋转、升降。

29. 自控飞机的结构型式和运动形式有何特征？

自控飞机是自控飞机类大型游乐设施的一种典型产品。其特点是乘人部分绕垂直轴边旋转、边升降，自控飞机座舱安装在摇摆臂末端上，绕中心轴回转支承旋转，在旋转的同时，乘客可以通过座舱上的操作按钮，自己控制支撑气缸(或油缸)实现摇摆臂上的座

舱升降，同时配备逼真刺激的空战音响效果，并能将前面飞机击中下降，适合青少年儿童自控参与。主要结构由摇摆臂、座舱、底座、回转装置、液压或气动装置、操作控制系统等部分组成，结构简图见图 1-11。

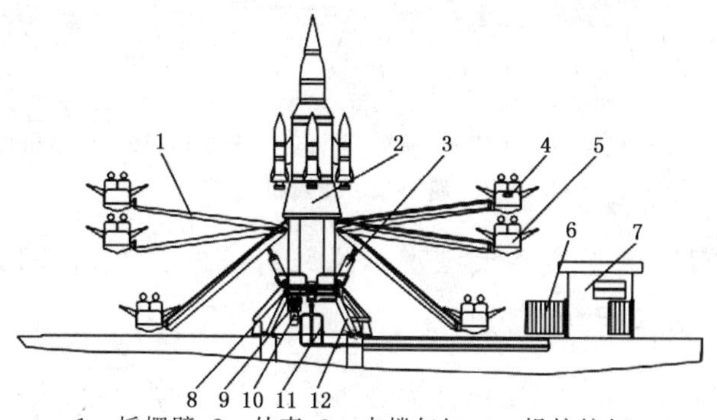

1—摇摆臂；2—外壳；3—支撑气缸；4—操控按钮；5—座舱；6—安全栅栏；7—控制室；8—回转支承；9—减速机；10—电动机；11—气动系统；12—机座

图 1-11　自控飞机

30. 弹跳机的结构型式和运动形式有何特征？

弹跳机是自控飞机类大型游乐设施的一种典型产品，是自控飞机技术发展、创新功能的延伸。其特点是乘人部分绕垂直轴边旋转、边升降。乘人座舱安装在摇摆臂末端上，绕中心轴回转支承旋转，在旋转的同时，摇摆臂快速升降。主要结构由摇摆臂、座舱、底座、回转装置、液压或气动装置、操作控制系统等部分组成，结构简图见图 1-12。

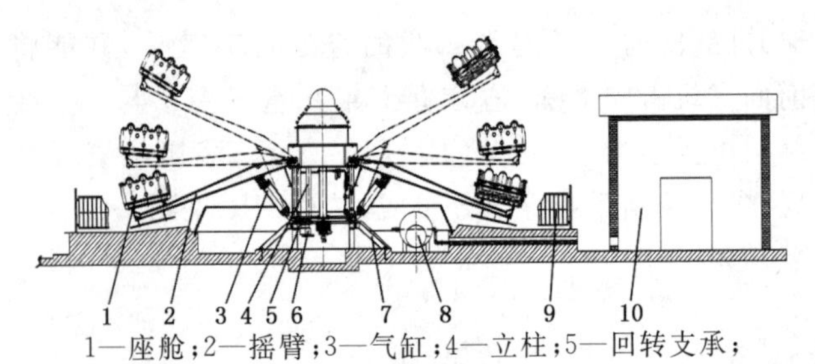

1—座舱；2—摇臂；3—气缸；4—立柱；5—回转支承；6—传动机构；7—机座；8—贮气罐；9—安全栅栏；10—空压机房

图 1-12 弹跳机

31. 观览车类大型游乐设施有哪些？有何共同运动特点？

常见的观览车类大型游乐设施有：摩天轮、大摆锤、阿拉伯飞毯、遨游太空、摩天环车、海盗船等。它们的共同运动特点是乘人部分绕水平轴 360 度旋转或在限定摆角内做往复摆动。

32. 摩天轮的结构型式和运动形式有何特征？

摩天轮是观览车类大型游乐设施的一种典型产品。它的主要特点是乘人部分绕水平轴 360°旋转。乘客吊厢挂在转盘边缘，转盘由立柱支撑在高空并绕主轴缓慢旋转，转盘边缘的吊厢徐徐转动，乘客非常方便和安全地在站台上下，乘客吊厢升到高空环绕一圈后又回到站台，为乘客提供了从地面到高空循环往复远眺独特空间体验。随着吊厢升空，景物变化万千，饱览四周美景、山水风光，心旷神怡，老少咸宜，是游乐园标志性的游乐项目，其结构简图见图 1-13。

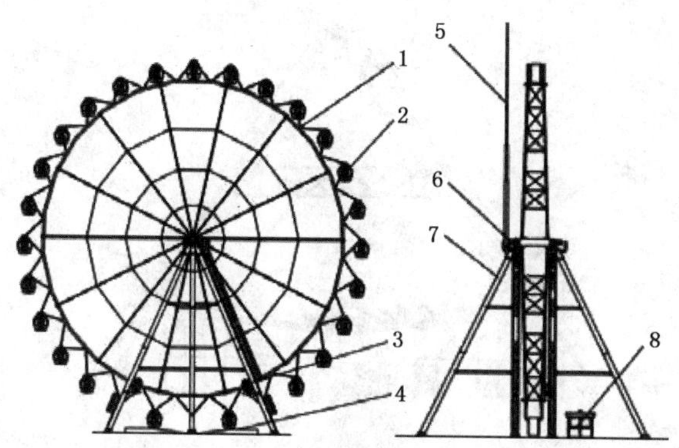

1—转盘;2—吊厢;3—驱动机构;4—站台;5—避雷针;
6—主轴;7—立柱;8—操作控制室

图 1-13　摩天轮

33. 海盗船的结构型式和运动形式有何特征?

海盗船是观览车类大型游乐设施的一种典型产品。因其外型仿古代海盗船而得名,但造型不同而名称各异,有的称为"荡龙舟"或"摆动龙舟"。它的主要特点是乘人部分绕水平轴在限定摆角内做往复运动,乘客由站台上船,坐在座位上将安全保护杆压到合适的位置,"海盗船"在驱动系统起动后缓慢摆动,逐步加速,从慢到急摆动,犹如乘客乘船出海遇到狂风骇浪,时而冲上浪涛顶峰,时而跌落波澜谷底,惊心动魄,既有趣又刺激,深受乘客喜爱,其结构简图见图 1-14。

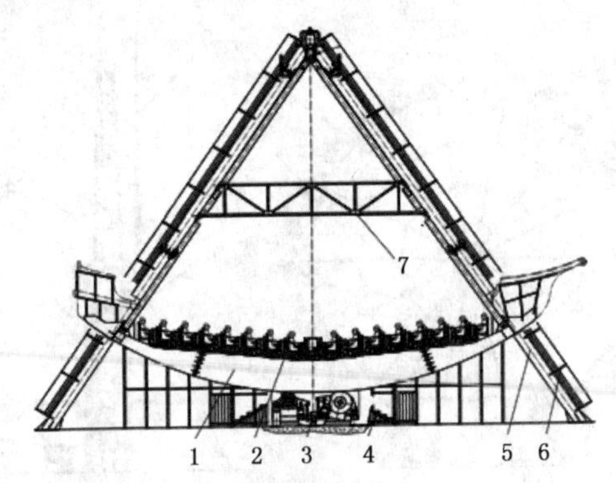

1—船体；2—座椅、安全压杆；3—动力部件；
4—站台梯级、栏杆；5—主体支撑架：立柱、人字架、横梁等；
6—检修梯；7—吊架：拉杆、连接轴等

图 1-14　海盗船

34. 小火车类大型游乐设施有哪些？有何共同运动特点？

常见的小火车类大型游乐设施有：电动驱动小火车、内燃机驱动小火车。它们共同的运动特点是车辆沿固定在地面的轨道上行驶。

35. 电动小火车的结构型式和运动形式有何特征？

电动小火车是小火车类大型游乐设施的一种典型产品。带电路轨通过导电装置提供电源给车厢内的电机，传动装置带动小火车车头在轨道上运行；采用连接器连接每节车厢带动整列火车运行，运行速度不

大于10 km/h,设有制动装置,当小火车运行接近站台时,在检测装置控制下减速、停靠站台上下客。

传动方式:电动机→传动装置→车轮→小火车运行。结构简图见图1-15。

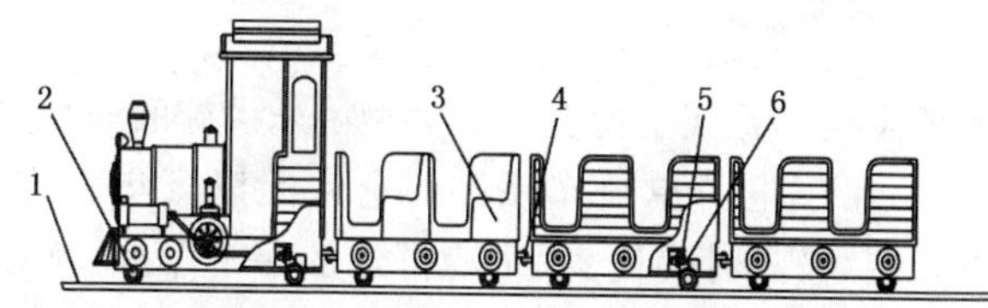

1—路轨;2—车轮;3—车厢;4—车厢连接器;
5—传动装置;6—导电装置

图1-15　小火车

36. 内燃机小火车的结构型式和运动形式有何特征?

内燃机小火车是小火车类大型游乐设施的一种典型产品。它的动力来源是内燃机,由柴油机或汽油机等提供,配备同步发电机,然后靠牵引电机及机械传动来驱动火车行驶。目前一般采用这种传动方式,多为仿真火车满足乘坐火车欲望的运动形式。内燃机驱动小火车与电动小火车的结构型式类似,区别主要在于驱动动力是内燃机,轨道不带电,不需要导电装置。

37. 架空游览车类的大型游乐设施有哪些?有何共同运动特点?

常见的架空游览车有:迷你穿梭、儿童爬山车、太空漫步和环园列车等。它们共同的运动特点是通过动力驱动,使乘客沿架空轨道运行。

38. 环园列车的结构型式和运动形式有何特征?

环园列车是架空游览车类大型游乐设施的一种典型产品,属于电力单轨车系列。它常配以豪华大方、视野开阔、极具时代气息、平稳舒适的多卡车厢,常建在风景区内,由专职司机在高架轨道上驾驶操作,穿行于树林与景区中,沿途一路为乘客提供观赏大自然风光美景的平台,老少咸宜,载客量大。它的主要结构由轨道、列车、站台等部分组成,结构简图见图 1-16。

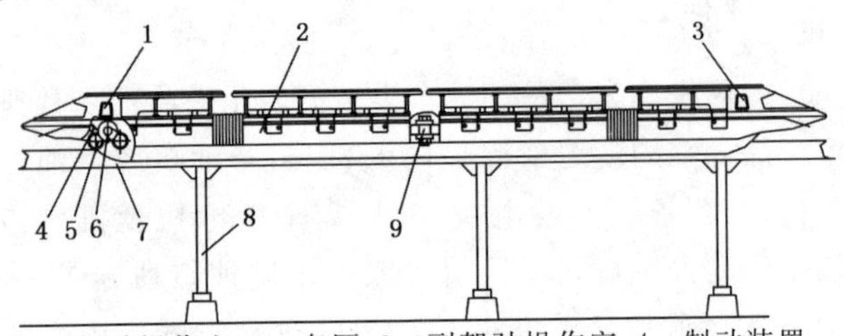

1—驾驶操作室;2—车厢;3—副驾驶操作室;4—制动装置;
5—行走轮;6—传动机构(电机、减速机、链轮、链条等);
7—路轨;8—立柱;9—车厢连接器

图 1-16　环园列车

39. 太空漫步的结构型式和运动形式有何特征?

太空漫步是架空游览车类大型游乐设施的一种典

型产品，属于组合式架空游览车系列。它是创意新颖的游乐设备，既可脚踏形式前行，又可切换为自动驾驶前行，当游客蹬累时，可换到自动档，车体自动前行。同时，行进中游客通过仪表盘上的按键选择喜爱的乐曲，在音乐中漫步青云，心旷神怡，而且在行进中游客可通过方向盘使车体360°旋转，欣赏四周的美景。为使运行畅通，在车体上设置了感应装置，当后车追上前车时，前车自动由脚踏挡变为自动前行，使节假日多组游览车能行驶流畅，增加了单位时间的客容量。它的只要结构由轨道、车辆、站台等部分组成，结构简图见图1-17。

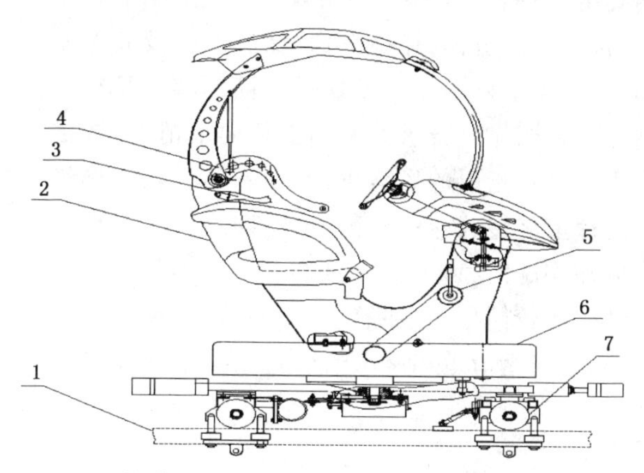

1—轨道；2—座舱；3—安全带；4—安全压杠；
5—脚踏；6—旋转架；7—行走轮

图1-17　太空漫步

40. 水上游乐设施有哪些？它们共同的运动特点是什么？

水上游乐设施是一种为达到娱乐目的借助水域、水流或其他载体而建造的水上设施。常见的水上游乐设施有：水滑梯、峡谷漂流、造波池、碰碰船。它们的运动特点是在特定水域滑行或运行。

41. 水滑梯的结构型式和运动形式有何特征？

水滑梯是水上游乐设施的一种典型产品。各种不同高度、不同回旋方式的滑梯，为游客带来欢乐和刺激，包括高速滑梯、螺旋滑梯、漂流滑梯及儿童专用滑梯等，是水上乐园的常见娱乐产品。游客从楼梯走到高处平台依靠自身重力利用滑梯向下滑行，或借助水流用浮圈按指引的姿势下滑。在高耸的、奇形怪状的水滑梯上旋转、腾空、滑落，水花四溅中感受那份令人心跳加剧的清凉，堪称夏日避暑的最高享受。水滑梯的结构比较简单，主要有立柱、站台、楼梯、安全栅栏、支架、玻璃钢滑道和落水池组成，结构简图见图 1-18。

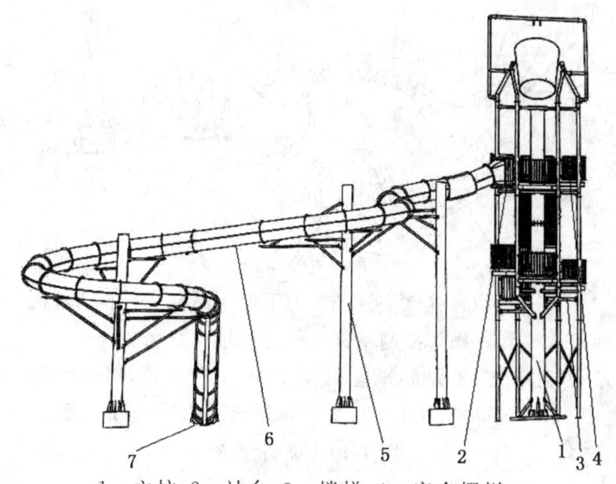

1—立柱；2—站台；3—楼梯；4—安全栅栏；
5—支架；6—玻璃钢滑道；7—落水池

图 1-18　水滑梯

42. 峡谷漂流的结构型式和运动形式有何特征？

峡谷漂流是水上游乐设施的一种典型产品，是一种带机械装置的水上游乐设施。其运动形式为启动水泵向特定的专用水道提供大流量水源，由于水道的落差，游客乘坐橡皮筏通过提升系统进入汹涌澎湃的水流，经过急弯险滩、变化莫测的河道漂流，惊险而刺激，犹如在大自然的原野中激流探险，是一项青少年十分喜爱的游乐设施项目。峡谷漂流是由水道、供水系统、提升机构、橡皮筏、制动机构组成，结构简图见图 1-19。

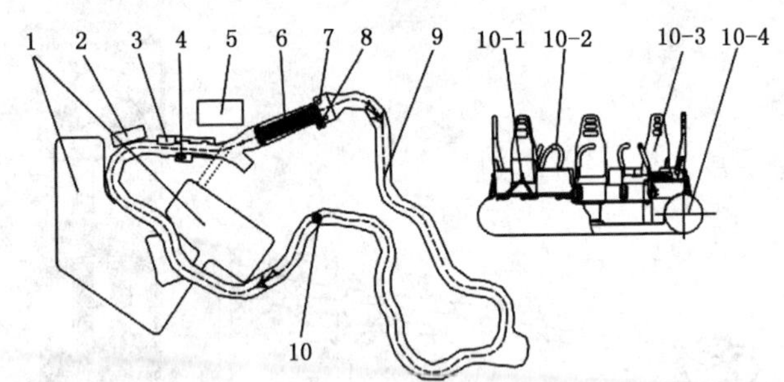

1—储水池；2—维修平台；3—上下游客站台；4—制动机构；
5—操作控制室；6—提升皮带；7—水泵；
8—传动系统（电动机、减速机、滚筒等）；9—水道；10—橡皮筏；
10-1—拉攀；10-2—扶手；10-3—座椅；10-4—充气胎

图 1-19　峡谷漂流

43. 碰碰车类大型游乐设施有哪些？有何共同的运动特点？

常见的碰碰车类大型游乐设施有：有天网碰碰车和无天网碰碰车。它们共同的运动特点是车辆在固定的车场内任意行驶运行、碰撞。

44. 有天网碰碰车的结构型式和运动形式有何特征？

有天网碰碰车是碰碰车类大型游乐设施的一种典型产品。有天网碰碰车的运行是在固定车场内通过导电杆从天网及地板获得直流供电，当车内脚踏开关接通电源时，导电装置使直流电机得电带动车体运行。电机定子固定在转向机构上，转子外壳装有胶轮形成车轮，电机通电后转子旋转，即车轮转动；同时也

由于可操纵转向装置对电机整体作360°任意转向，因此通过转动方向盘，碰碰车可实现前进后退左右转弯行走，结构简图见图1-20。

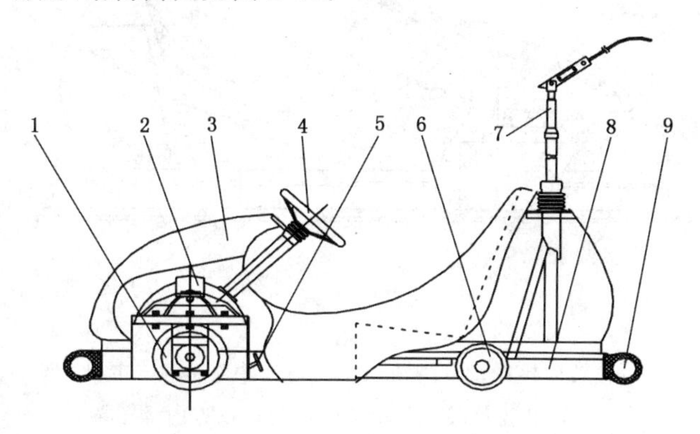

1—电机；2—转向机构；3—车体；4—方向盘；5—脚踏开关；6—车轮；7—导电装置；8—车架；9—缓冲轮胎

图1-20　有天网碰碰车

45. 无天网碰碰车的结构型式和运动形式有何特征？

无天网碰碰车是碰碰车类大型游乐设施的一种典型产品。无天网碰碰车是有天网碰碰车的技术改进型，结构型式及运行形式与有天网碰碰车类似。其主要区别是减去了导电杆从天网导电功能，扩展了车场空间，改由从正负两极特殊地板上供电给电机转动，从而实现碰碰车运动功能，结构简图见图1-21。

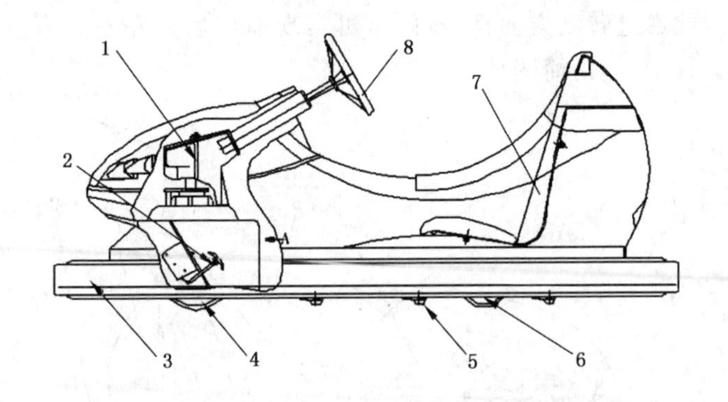

1—转向机构;2—脚踏开关;3—缓冲轮胎;4—电机;
5—导电装置;6—车轮;7—座椅;8—方向盘车架

图 1-21　无天网碰碰车

46. 无动力游乐设施有哪些？它们的共同运动特点是什么？

无动力游乐设施有:高空蹦极、弹射蹦极、小蹦极、滑索、空中飞人、系留式观光气球等。它们共同的运动特点是提升后自由坠落或滑行。

47. 小蹦极的结构型式和运动形式有何特征？

小蹦极是无动力类大型游乐设施的一种典型产品。其运动特点是借助弹力提升后自由坠落,游客依靠弹性绳或其他弹性件的伸缩,可在一定高度空间进行垂直自由跳跃或作翻滚运动。小蹦极主要由基础、支撑架(支柱和钢丝绳)、弹性绳、安全蹦床等部分组成,结构简图见图 1-22。

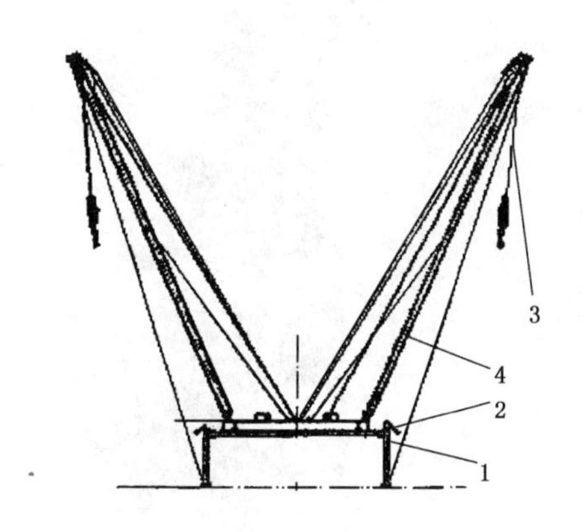

1—基础;2—支撑架;3—弹性绳;4—安全蹦床

图 1-22 小蹦极

48. 高空蹦极的结构型式和运动形式有何特征?

高空蹦极是无动力类大型游乐设施的一种典型产品。其运动特点是游客从高空塔架或其他平台上向下跳跃后自由坠落,依靠弹性绳或其他弹性件的伸缩,在空中进行弹跳,或作翻滚运动。高空蹦极主要由基础、塔架、平台、装备等四个部分组成,外观图见图 1-23。

图 1-23　高空蹦极

49. 滑索的结构型式和运动形式有何特征？

滑索是无动力类大型游乐设施的一种典型产品。滑索运行是乘客乘坐在滑具上从站台轨道最高端出发，滑具由上站台沿钢丝绳自由迅速向下站台滑行；有的是通过提升机构把吊挂乘人滑具沿钢丝绳提升到上站，得到势能后再向下站台滑行。在下站台上设有制动和减速装置，以减少乘客到达时的冲击；滑具到下站台时在减速缓冲弹簧作用下减速，乘客最后在缓冲区停下，结构简图见图 1-24。

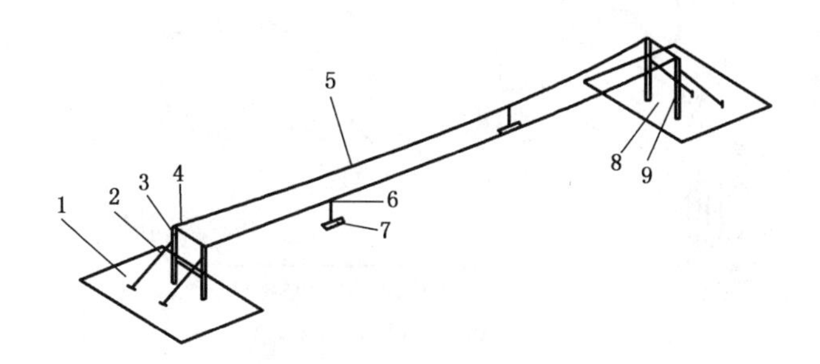

1—下站台；2—杆拉；3—下龙门架；4—缓冲弹簧；
5—钢丝绳；6—滑具；7—吊挂椅；8—上站台等；9—上龙门架

图 1-24　滑索

50. 滑道类大型游乐设施有哪些？有何共同的运动特点？

滑道分为槽式滑道和管轨式滑道。它们共同的运动特点是乘人装置（滑车）在具有一定的动能或势能后沿刚性轨道作乘客可控制的滑行，结构简图见图 1-25和图 1-26。

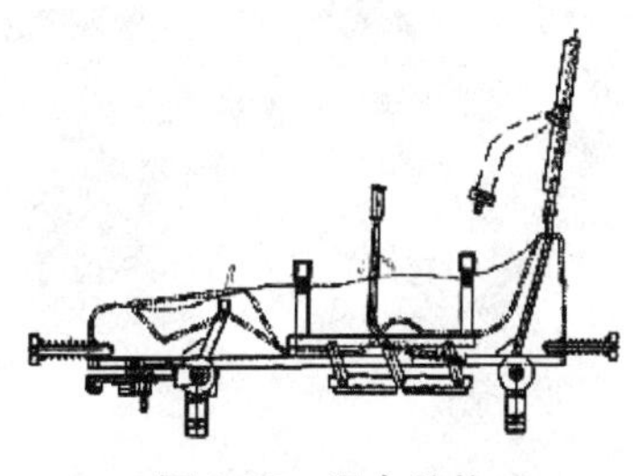

图 1-25　滑车结构

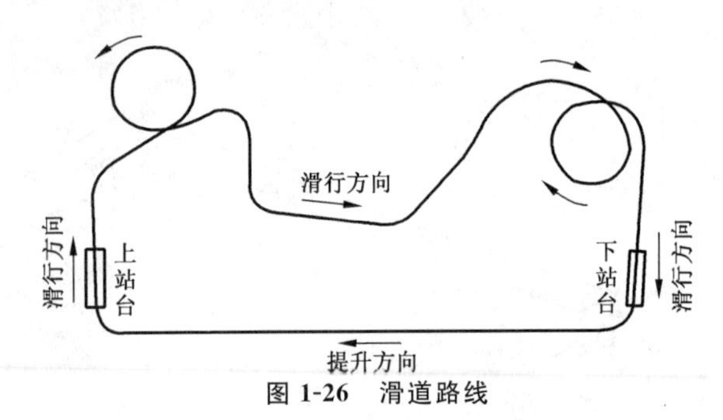

图 1-26　滑道路线

51. 槽式滑道的结构型式和运动形式有何特征?

槽式滑道是滑道类大型游乐设施中的一种典型产品。滑道是群众性体育娱乐设施,其特点是娱乐性、参与性强,客户群年龄范围广。槽式滑道的主体为不锈钢滑槽,滑道设备依山而建,通过提升系统的牵引到达山顶,再沿山体坡度自由下滑到山下。主要结构是不锈钢滑槽、滑车和提升牵引系统组成的。外观结构简图见图 1-27。

图 1-27　槽式滑道

52. 管式滑道的结构型式和运动形式有何特征?

管式滑道是滑道类大型游乐设施中的一种典型产品。管轨式滑道主体为钢管轨道,设备原理与槽式滑道近似,但其特殊的管轨和滑车结构保证了游客不会在滑行中途脱离滑道设备。外观结构简图见图 1-28。

图 1-28 管式滑道

53. 属于大型游乐设施安全装置的有哪些?

大型游乐设施的安全装置是确保大型游乐设施安全必不可少的重要组成部分。安全装置包括安全束缚装置(安全带、安全压杠和挡杆)、锁紧装置、止逆行装置(止逆装置)、制动装置、超速限制装置(限速装置)、运动限制装置(限位装置)、防碰撞及缓冲装置等(见图 1-29)。

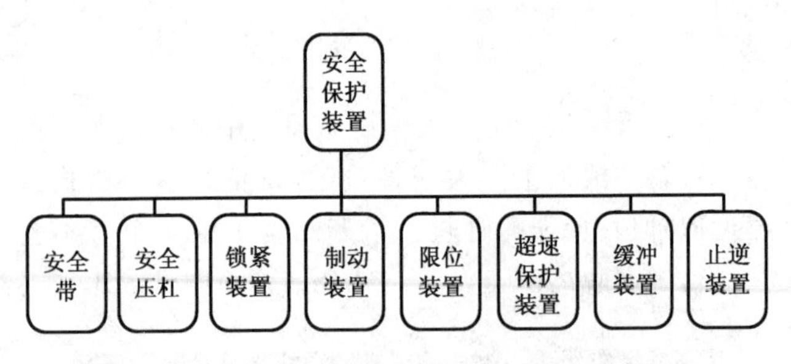

图 1-29　安全保护装置分类

54. 安全带常用于哪些大型游乐设施上？有什么要求？

安全带是单独用于轻微摇摆或升降速度较慢，且没有翻转、没有被甩出危险的设施上的安全装置。使用安全带一般应配辅助把手。对于运动激烈的设施，安全带可作为辅助束缚装置。

安全带由尼龙等适于露天使用的材料编织而成，其带宽应不小于 30 mm，所承受的拉力应不小于 6 000 N。安全带不能采用棉线带、塑料带及皮带等材质，因这三种材质强度较弱，易破碎，而皮带经雨淋后易变形断裂。

安全带与机体的连接必须可靠，可以承受可预见的乘客各种动作产生的力。若直接固定在玻璃钢件上，其固定处必须牢固可靠，否则应采取埋设金属构件等加强措施。安全带设置的形式多样，见图 1-30。

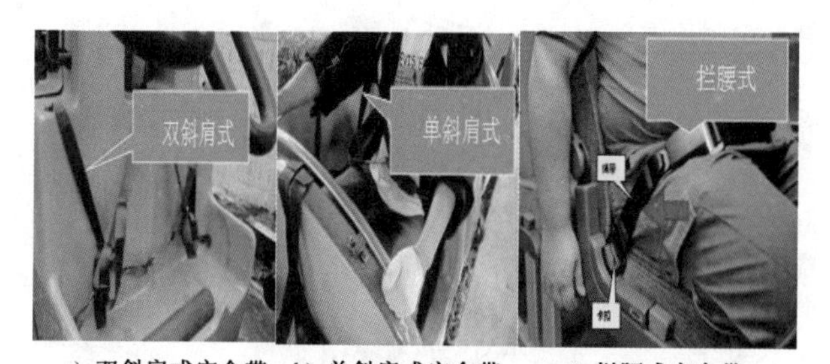

a) 双斜肩式安全带　b) 单斜肩式安全带　c) 拦腰式安全带

图 1-30　安全带的设置形式

55. 安全压杠主要由哪几部分构成？其作用是什么？

安全压杠保护装置由压紧构件、执行构件、安全锁紧装置和保险构件等部件组成。其特征是构成对游客身体的挡压，有效阻止身体上下滑移及松脱，同时游客又可用双手抓住压杠，作为扶手使用，增加安全感，见图 1-31。

56. 安全压杠常用于哪些大型游乐设施上？有什么要求？

对于运动时产生翻滚动作或冲击比较大的大型游乐设施，如过山车、跳楼机等。为了防止乘客脱离乘坐物，应当设置相应型式的安全压杠。这类设备在运行过程中，对游客的刺激性更强，更具有惊险性，故要求其结构要紧凑且具有足够的强度和锁紧力，工作性能可靠。

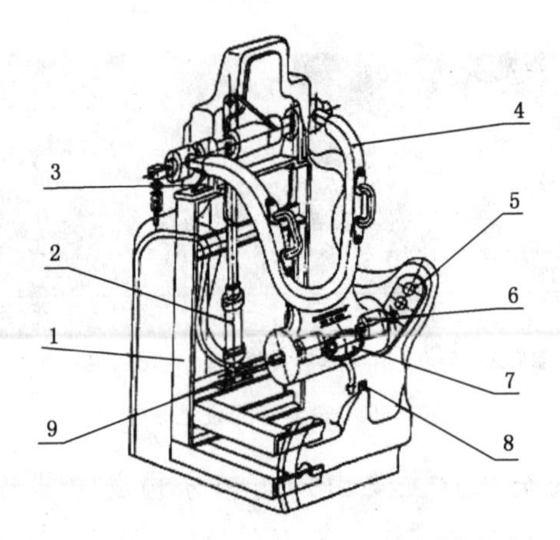

1—座椅骨架;2—升降气缸;3—压杠轴支承架;
4—压杠组件;5—弧形插板;6—锁紧气缸;
7—手孔盖板;8—保险扣;9—锁紧销轴

图 1-31　安全压杠的构成

安全压杠根据不同的使用场合,可分为护胸压肩式、压腿式和压背式等。其形式多样,见图 1-32。

a) 护胸压肩式安全压杠　b) 压腿式安全压杠

c) 压背式安全压杠

图 1-32　安全压杠

57. 提升滑行类车体底部的止逆装置是怎么样的?

当列车或车辆完全进入斜坡段停止牵引后，应有安全可靠的防止车辆逆行装置。以松林飞鼠为例，其车体底部的止逆装置见图 1-33。

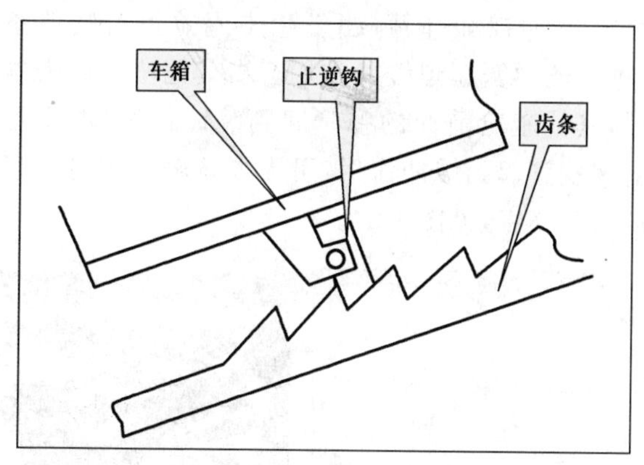

图 1-33　松林飞鼠止逆装置

58. 大型游乐设施的缓冲装置分为哪几种?

大型游乐设施的缓冲装置按照其组成结构分为：弹簧缓冲器、油压缓冲器、其他形式缓冲器（实体式——橡胶、木材或其他弹性材料）。

（1）弹簧缓冲器（蓄能）：常用于飞行塔类设备如青蛙跳、滑行车类、架空游览车类、滑索等，以缓冲轻微碰撞；

（2）油压缓冲器（耗能）：常用于高空探空梭等速度较高、重量大的设备；

（3）其他形式缓冲器（实体式）：常用于碰碰车、赛车等速度较慢设备。

59. 松林飞鼠(滑行车类)车体的防碰撞装置是怎么样的?

多车滑行车座舱前后均设有撞击缓冲装置,座舱前面有缓冲杠和弹簧,当发生本座舱撞击其他座舱时,本座舱弹簧起到缓冲作用。当其他座舱撞击本座舱时,其他座舱前面的弹簧起到缓冲作用,本座舱后面的橡胶管起到缓冲作用,可大大减轻撞车对乘客造成的人身伤害,见图 1-34。

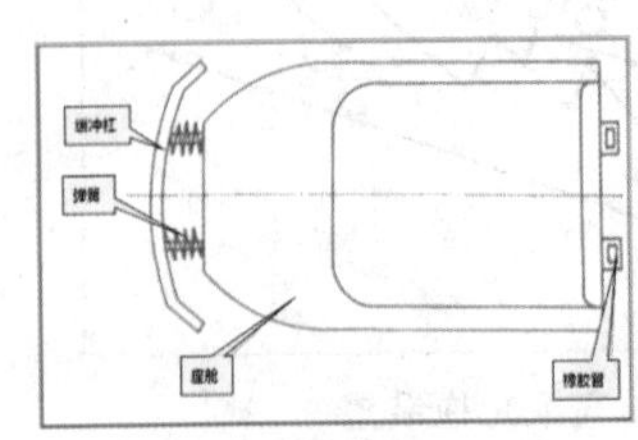

a) 简图

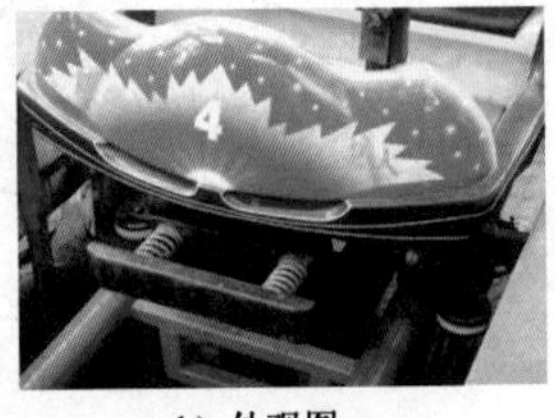

b) 外观图

图 1-34 松林飞鼠的防碰撞装置

60. 大型游乐设施常见的机械传动形式有哪几种?常用于哪些大型游乐设施上?

(1) 齿轮传动,如:转马、自控飞机类飞行塔类和陀螺类等绕主轴旋转运动的大型游乐设施大多采用齿轮传动;

(2) 链传动,滑行类大型游乐设施的提升装置大多采用链传动;

(3) 摩擦轮传动,如:摩天轮、海盗船的驱动装置常采用摩擦轮传动;

(4) 带传动,如:海盗船的三角皮带传动、激流勇进的皮带提升装置等;

(5) 钢丝绳传动,如:青蛙跳和跳楼机座舱的提升、滑道类滑行车的提升常采用的是钢丝绳传动;

(6) 液压与气压传动,如:自控飞机及跳楼机座舱的升降常采用气压传动,青蛙跳及摇头飞椅的升降常采用液压传动。

61. 大型游乐设施常用的螺栓连接有哪些防松方法和措施?

有双螺母,弹簧垫圈,尼龙垫圈,自锁螺母等(见图 1-35、图 1-36 和图 1-37)。

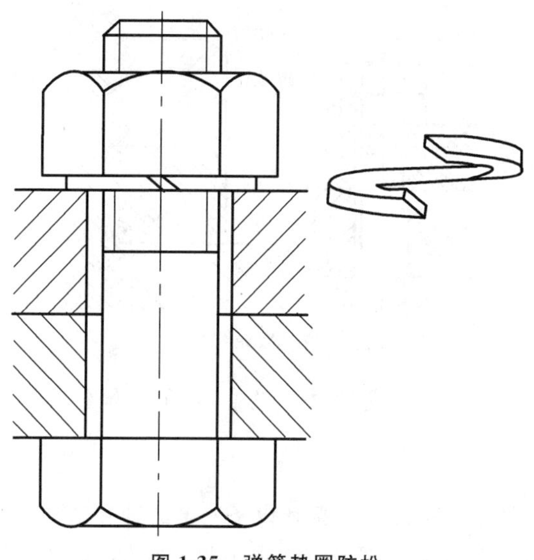

图 1-35 弹簧垫圈防松

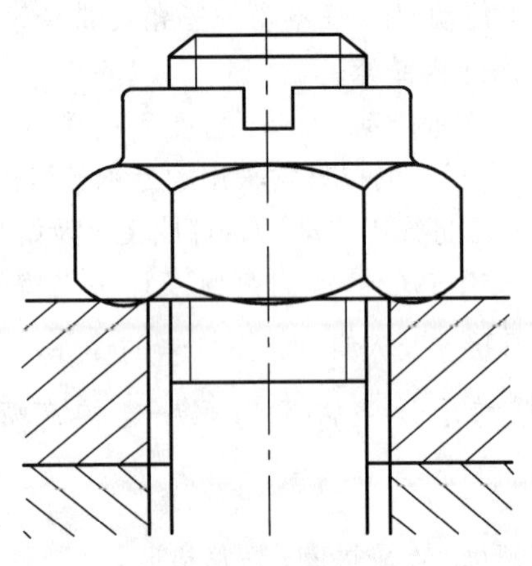

图 1-36　自锁螺母防松

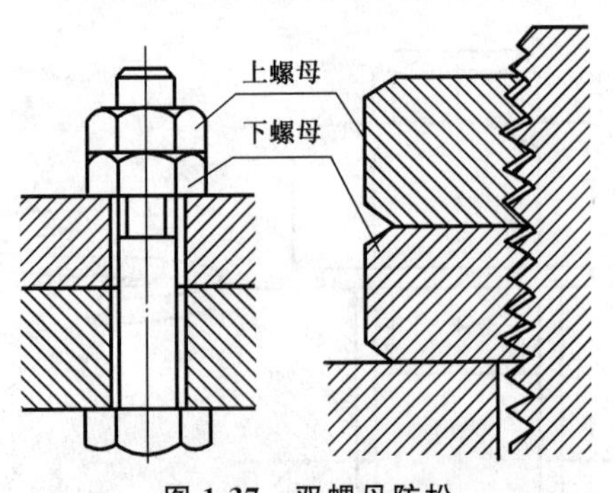

图 1-37　双螺母防松

62. 大型游乐设施中对“重要的轴和销轴”是如何定义的？

是指直接涉及人身和设备安全的轴和销轴，如：大型游乐设施主轴、中心轴、乘坐物支撑轴、乘坐物吊挂

轴、重要的传动轴、车轮轴、升降油缸(气缸)上下销轴、乘坐物升降臂上下销轴、肩式压杠轴、车辆连接器轴、防逆行和防倾翻装置的销轴等。

63. 大型游乐设施中对“重要焊缝”是如何定义的?

是指直接涉及人身和设备安全的焊缝,如:乘坐物支撑件焊缝、升降油缸(气缸)上下支撑件焊缝、乘坐物吊挂点支撑件焊缝、轨道对接焊缝、车辆连接器焊缝、吊厢框架焊缝等。

64. 大型游乐设施中对“一般构件”是如何定义的?

是指运动部件(重要的传动轴除外),不涉及人身安全的轴、支撑臂、立柱、框架、桁架、轨道等构件,见图 1-38。

a) 海盗船立柱、吊臂

b) 过山车轨道

图 1-38　一般构件

c) 过山车立柱

d) 逍遥水母桁架

续图 1-38

65. 什么是大型游乐设施的主要受力结构(或重要结构件)?

指大型游乐设施中承受主要载荷的钢结构件,或其他材料制成的承载结构件,如滑行类设备的轨道与支柱,观览车类的支柱、梁、载客装置框架、可动结构,自控飞机的支承臂,空中转椅悬吊坐席的旋转支臂,观览车的旋转框架,摩天环车的旋转大臂等。

66. 什么是大型游乐设施关键零部件?

关键零部件指涉及安全,需要做型式试验的零部件,如安全带、安全杆、U 型压杆等乘客约束物及其锁紧定位装置;制动装置、缓冲器;特殊的轮系和轴系;座舱和乘人约束物的挂点、吊点所用的零部件,如销轴、U 型卡、O 型环、钢丝绳、钢丝绳绳夹、钢丝绳接头,链条、链条接头、蹦极的弹性绳索;蹦极跳、空中飞人、滑行伞等使用的捆绑式柔性约束物(或服装);以及设计单位或设计文件鉴定机构确定的其他关键零部件，见图 1-39。

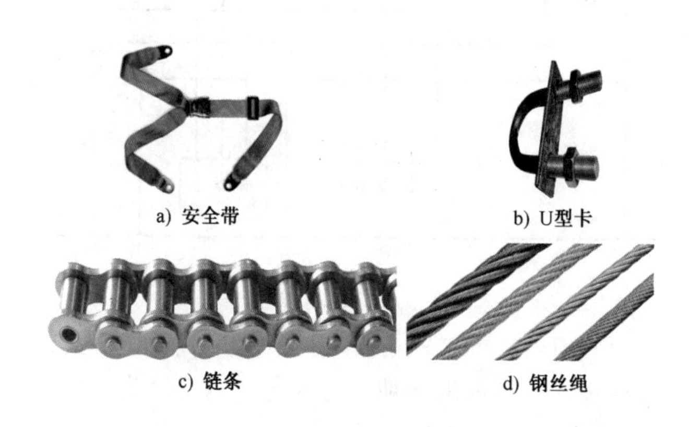

a) 安全带　b) U型卡　c) 链条　d) 钢丝绳

图 1-39　部分关键零部件

67. 常见的低压配电系统接地型式有哪些？大型游乐设施低压配电系统要求采用哪种接地型式？

常见的低压配电系统接地型式有 TN-S、TN-C、TN-C-S、TT、IT 五种。大型游乐设施低压配电系统的接地型式应采用 TN-S 或 TN-C-S 系统。

（1）TN-S 为三相五线制，变压器输出三相五线制，PE 线在规定距离内接地，入户端就近接地。五线制到达用电设备。对设备直接使用者接线对号入座即可。导线分为黄、绿、红、淡蓝（N）、黄绿（PE），见图 1-40。

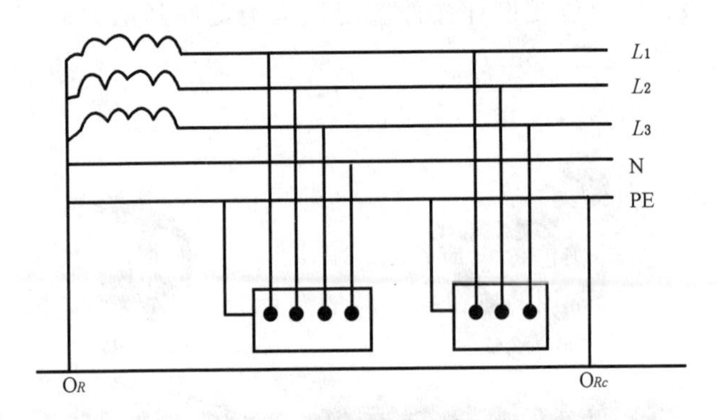

图 1-40 TN-S 系统

(2) TN-C-S 是三相四线制，PE、N 线规定距离内接地，在入户端就近接地。进入入户端后分为五线制到达用电设备。对设备直接使用者接线对号入座即可。导线在入户端前分为黄、绿、红、黄绿线，在入户端后分为黄、绿、红、淡蓝(N)、黄绿(PE)。节省入户端前的淡蓝线。见图 1-41。

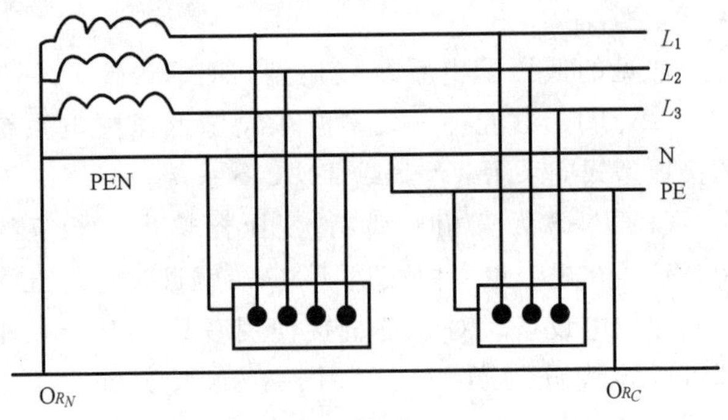

图 1-41 TN-C-S 系统

68. 大型游乐设施上按钮操作器常用什么颜色？有什么含义？

大型游乐设施安全规范中有关“电气安装”规定：操作按钮和控制手柄等应有明显的中文标志，按钮、信号灯等颜色标识应符合 GB 5226.1 的规定。大型游乐设施常用的按钮操作器的颜色为红、黄、绿三种。其颜色与含义见表 1-1。

表 1-1　按钮操作器颜色、含义及说明

颜色	含义	说明
红	紧急	危急情况下操作
黄	异常	异常情况时操作
绿	正常	起动正常时操作

69. 常用于大型游乐设施电气测量的仪器仪表有哪些？

(1) 万用表

又叫多用表、三用表、复用表，是一种多功能、多量程的测量仪表，一般万用表可测量直流电流、直流电压、交流电压、电阻和音频电平等，有的还可以测交流电流、电容量、电感量及半导体的一些参数，见图 1-42。

(2) 钳形电流表

钳形电流表(钳表)是一种用于测量正在运行的电气线路的电流大小的仪表，可在不断电的情况下测量电流，见图 1-43。

a) 指针式

b) 数字式

图 1-42 万用表

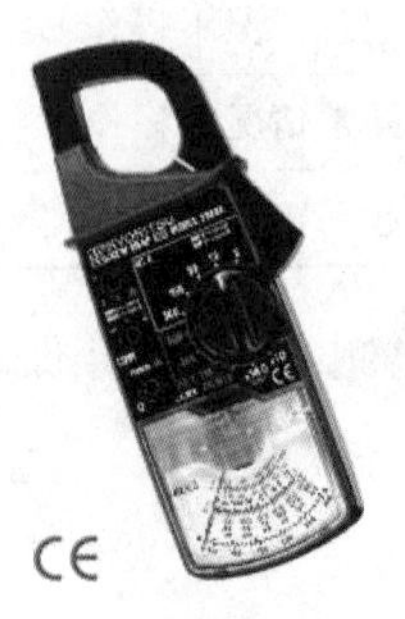

a) 指针式

b) 数字式

图 1-43 钳形电流表

(3) 绝缘电阻测试仪

绝缘电阻测试仪(又称兆欧表、摇表),是用来测量被测设备的绝缘电阻和高值电阻的仪表。

组成:它由一个手摇发电机、表头和三个接线柱(即 L:线路端、E:接地端、G:屏蔽端)组成。见图 1-44。

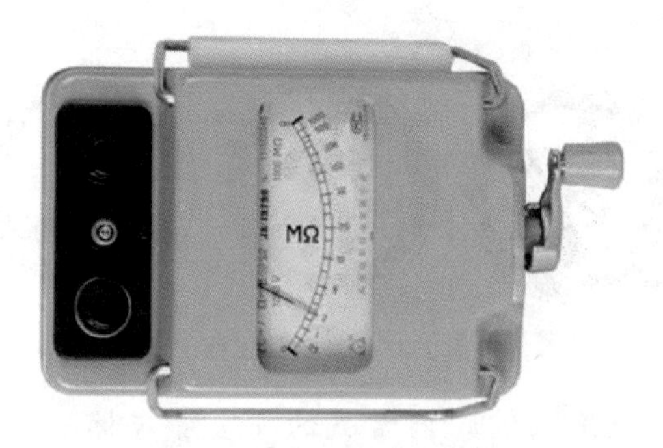

图 1-44　绝缘电阻测试仪

选择绝缘电阻表的电压等级应按电气设备电压等级选用。在选用绝缘电阻表时，原则上必须保证绝缘电阻表的额定电压与被测对象的额定电压相适应。大型游乐设施工作电压一般小于 500 V，因此可选用电压等级为 500 V 兆欧表(摇表)。

70. 游乐园(场)内应设置什么安全警示标志？

在游乐园(场)内一些有危险性的地方，应设置告诫游客注意的警示标志。安全警示标志包括安全禁止标志、安全警告标志、安全提示标志以及安全指令标志。

71. 游乐园(场)内常见的安全禁止标志采用什么颜色？

安全禁止和停止标志是制止或在一般情况下不准人们进行某种行动而设置的标牌，一般采用红色标志(见图 1-45)。

图 1-45　安全禁止标志

72. 游乐园(场)内常见的安全警告标志采用什么颜色?

安全警告标志提醒人们对周围环境引起注意,以避免可能发生的危险。一般采用黄色和黑色相间的条纹标志(见图 1-46)。

图 1-46　安全警告标志

73. 游乐园(场)内常见的安全提示标志采用什么颜色?

安全提示标志向人们提供某种信息(如标明安全设施或场所等),表示紧急情况下安全疏散的出口或通道,一般采用绿色(见图 1-47)。

图 1-47 安全提示标志

74. 游乐园(场)内常见的安全指令标志采用什么颜色?

安全指令标志强制人们必须做出某种动作或采用防范措施,一般采用蓝色(见图 1-48)。

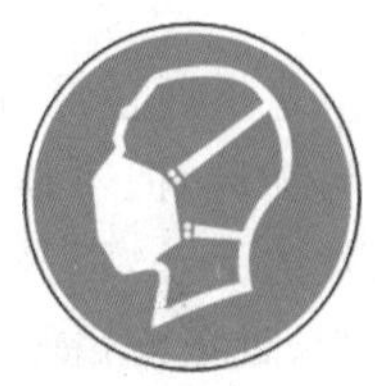

图 1-48 安全指令标志

75. 特种设备事故的定义是什么?

特种设备事故,是指因特种设备的不安全状态或者相关人员的不安全行为,在特种设备制造、安装、改造、维修、使用(含移动式压力容器、气瓶充装)、检验检测活动中造成的人员伤亡、财产损失、特种设备严重损坏或者中断运行、人员滞留、人员转移等突发事件。

76. 哪些情形不属于特种设备事故？

（1）因自然灾害、战争等不可抗力引发的；

（2）通过人为破坏或者利用特种设备等方式实施违法犯罪活动或者自杀的；

（3）特种设备作业人员、检验检测人员因劳动保护措施缺失或者保护不当而发生坠落、中毒、窒息等情形等。

77. 哪些情况属于大型游乐设施维护保养范畴？

是指通过设备部件拆解，进行检查、系统调试、更换易损件，但不改变大型游乐设施的主体结构、性能参数的活动，以及日常检查工作中紧固连接件、设备除尘、设备润滑等活动。

78. 哪些情况属于大型游乐设施修理范畴？

是指通过设备部件拆解，进行更换或维修主要受力部件，但不改变大型游乐设施的主体结构、性能参数的活动。

79. 哪些情况属于大型游乐设施重大修理范畴？

是指通过设备整体拆解，进行检查、更换或维修主要受力部件、主要控制系统或安全装置功能，但不改变大型游乐设施的主体结构、性能参数的活动。

80. 哪些情况属于大型游乐设施改造范畴？

是指通过改变主要受力部件、主要材料、设备运动形式、重要几何尺寸或主要控制系统等，致使大型游乐设施的主体结构、性能参数发生变化的活动。

二、大型游乐设施的安全管理

81. 游乐园及游乐设备选址应考虑哪些主要因素？

(1) 位置选择：新建游乐园应首先做好前期市场调查，编制可行性方案，依据本地市场调查辐射周边市场范围、当地常住人口规模和流动人口规模、人均收入和消费习惯及消费能力、公共交通便利程度、主要服务对象青少年和儿童的比例等相关因素，选择适当地理位置；

(2) 地质要求：新建游乐园和新增或更新游乐设备时，均应避免在淤泥污水环境中建设，因为在确保安全和基础稳定的情况下会增加很多投资成本，所以一般新建游乐园必须请地质勘探机构做好地质勘探并出具地勘报告，新增或更新可参考原来地质勘探资料；

(3) 环境条件：一般新建游乐园不宜选择靠近海边的场地，如确实需要选择海边一定要加倍做好防腐处理。在有自然山坡或高低不平的场地，为了降低基础施工成本，减少原生态环境的破坏，可利用自然环境选择对场地平整度要求不高的设备，科学合理的处理周边环境。

82. 选购大型游乐设施时应注意哪些？

游乐设施选购时应对设备提供厂商进行实地调研，如：考察制造单位的生产许可资质、生产条件、技术水平、质量管理体系是否健全；考察安装单位的许可资质、技术水平、质量管理体系是否健全；考察同类型产品使用的稳定性和安全性以及现有客户的口碑，谨防伪劣设备投入使用而发生意外（见图 2-1）。

图 2-1　伪劣产品

83. 游乐场所一般应设置哪些安全防护设施？

（1）各游乐场所、公共区域均应设置安全通道，时刻保持畅通；

（2）各游乐区域，除封闭式的外，均应按要求设置安全栅栏；

（3）严格按照消防规定设置防火设备，配备专人管理，定期检查；

(4) 有报警设施，并按要求设置警报器和火警电话标志；

(5) 有残疾人安全通道和残疾人使用的设施；

(6) 有处理意外事故的急救设施设备。

84. 为什么要建立大型游乐设施岗位责任制度？

岗位责任制是大型游乐设备使用或管理单位的一项基本安全管理制度，使用或管理单位的各项规章制度都是以岗位责任制为中心建立的，从事各个环节的工作都必须纳入岗位责任制中得以落实，设备使用过程中的维护保养、日常检查、安全操作是各岗位责任制的重要组成部分，必须在岗位责任制中得到落实。所以，游乐设施的使用和安全管理中的各个岗位上的工作人员，必须体现在安全操作的岗位职责中。严格贯彻岗位安全生产责任制，可保证游乐使用和安全管理过程中的各项规章制度的贯彻，从而保证设备处于安全、良好状态，为使用单位的经营创造有利的条件。

85. 为什么要建立大型游乐设施作业人员证制度？

游乐设备的安全管理员、设备维修员、设备操作员，依据国家法律法规规定，必须经国家和地方有关部门考试并颁发相应的大型游乐设施管理证和操作证，才能持证上岗。凡是游乐设备管理、维修、操作岗位的工作人员，必须经使用单位内部培训并办理聘用手续后方可上岗(见图 2-2)。

图 2-2　证件

86. 为什么要建立大型游乐设施安全检查制度?

游乐设施运行前的安全检查是设备安全管理的重要措施,是防止设备故障和事故的有效方法。日常安全检查应根据设备的工作原理、结构特点、运行频率等因素,分为日检、周检和月检,也包括年度法定检验。通过系列的安全检查可全面掌握设备的技术状况和安全状况的变化及磨损情况,及时查明故障原因和消除设备的安全隐患,根据安全检查发现的问题,进行全面、彻底的维修和保养,以确保设备的安全运行。

87. 为什么要建立大型游乐设施维修保养制度?

大型游乐设施在接待游客过程中运行频率各有不

同，但是绝大多数设备是安装在室外，设备在使用过程的产生的冲击、振动，露天状态下风吹雨淋和日光暴晒等，易造成使用过程造成各种零部件的松动、磨损和自然环境下的锈蚀，从而使设备状况变坏，导致动力性能下降，安全可靠性降低，甚至发生事故。因此，建立维修保养制度，根据零部件磨损、锈蚀情况，制定出切实可行的维修保养计划，定期对设备进行清洁、润滑、检查、调整、紧固等作业，是延长各零部件使用寿命，防止早期损坏，避免运行中发生机械故障和责任事故的有效方法。

88. 为什么要建立大型游乐设施定期检验制度？

每台大型游乐设施本身的质量不同，受喜爱的程度也不同，运行次数和运转频率也是不同的，虽然使用单位已在使用过程中对设备开展了日检、周检、月检年度检验等检验工作。为了验证使用单位自检工作的符合性，验证设备安全性能，依据国家法律法规，大型游乐设施每年必须经过一次法定检验，以确定设备的安全状态是否符合各项安全技术指标。法定检验机构对设备检验时，必须在使用单位全面自检合格基础上进行，因此也要求使用单位必须建立设备定期检验制度，对设备进行全面的定期自行检验，在定期自检合格基础上，方可向法定检验机构申报定期检验。

89. 为什么要建立大型游乐设施安全例会制度？

为了有效的预防安全责任事故的发生，大型游乐设施使用单位应严格执行相关法规要求，落实安全生产工作专题会议制度。使用单位应每个月至少召开一次安全生产专题会议，参加人员应有单位主要领导、分管领导、相关部门负责人、安全生产领导小组成员和现场管理人员以及相关的工作人员。会议内容要结合本单位的实际情况进行，对上次安全生产会议安排的工作完成情况由各负责人汇报，提出下个阶段的工作任务，分管领导必须了解分管工作的安全情况并进行小结，使用单位主要领导必须全面掌握本单位安全工作状态，认真查找安全管理工作的薄弱环节，总结当月的安全生产工作情况并安排下阶段的工作任务。记录员应认真做好会议记录，整理会议纪要后经主要领导签字并分发各相关部门和责任人。

90. 为什么要建立大型游乐设施安全监督检查制度？

大型游乐设施的安全检查一般情况下是现场管理人员和维修保养人员完成的，为防止现场管理人员和现场操作人员的敷衍了事和检查、保养不到位现象，安全监督与检查是安全管理的一项重要内容，是安全管理预防责任事故工作中事先防范的重要措施。安全监督与检查的执行对于发现和堵塞安全漏洞，消除安全隐患，加强预防措施，落实整个单位的安全生产有着积极的推动作用，能在很大程度上预防事故的发生。安全监督检查应根据本单位的组织机构构架和游乐设施的特点与实际，编制相应的安全监督与检查制度和表格，进行定期和不定期的监督检查。

91. 为什么要建立大型游乐设施隐患排查治理制度？

随着我国人民生活水平的不断提升，大型游乐设施逐渐成为人们娱乐的一大选择。大型游乐设施属于特种设备，我国也规定了相关的法律标准，但是由于我国大型游乐设施行业属于一个新兴行业，发展时间不长，在设备本体运营管理方面仍存在一定安全隐患。大型游乐设施运行过程中所提供的惊险和刺激已受到广大游客特别是年轻游客的青睐。但此类设施的高运行速度、运行高度以及复杂结构，大大提高了运营安全的风险。因此，使用单位安全管理负责人应对各种安全检查所查出的隐患进行原因分析，制定整改措施及时整改；对无力解决的严重事故隐患，除采取有效防范措施外，应书面向主管部门和当地政府报告；对不具备整改条件的严重事故隐患，必须采取应急防范措施，并纳入计划，限期停用；对存在严重事故隐患，无改造、维修价值，或者超过安全技术规范规定的使用年限的大型游乐设施，大型游乐设施使用单位应当及时予以报废，并到原使用登记机关办理注销手续。

各种事故的发生都有一定的偶然性，但偶然性又包含着必然性，只要隐患不除，事故就有发生的可能。隐患相对于一般的缺陷更难于发现，重要的是它造成的后果更严重。要想及时发现、有效治理各类隐患，必须要依靠全体员工，实行群防群治，建立长效的工作机制。

92. 为什么要建立劳动防护用品发放使用管理制度?

大型游乐设施使用单位应认真贯彻执行国家安全生产方针，结合本单位大型游乐设施作业情况，正确合理地发放、使用和管理劳动防护用品，确保作业人员在工作过程中的安全和健康。

93. 大型游乐设施安全档案应包含哪些内容?

为了确保本单位大型游乐设施安全档案齐全完好，使用单位应建立大型游乐设施安全档案管理制度，明确大型游乐设施安全档案至少包括大型游乐设施台账、大型游乐设施作业人员台账、大型游乐设施安全技术档案，还应明确各类档案记录的保存期。使用单位变更时，应当随机移交档案。

94. 大型游乐设施设备台账应包含哪些内容?

使用单位档案管理人员应当建立大型游乐设施台账，内容至少包括设备名称、设备种类、制造单位、购置时间、安装单位、检验情况、使用状态、重大维修情况及其他变更情况。大型游乐设施安全附件、测量调控装置及有关附属仪器仪表也应建立台账。

95. 大型游乐设施作业人员台账应包含哪些内容?

使用单位应当建立大型游乐设施作业人员台账,内容至少包括姓名、作业类别、作业证号、取证时间、换证情况。

96. 大型游乐设施技术档案至少应包括哪些内容?

大型游乐设施必须逐台建立技术档案,并妥善保存。技术档案的内容至少包括:大型游乐设施注册登记表;大型游乐设施随机出厂文件;大型游乐设施安装、改造、维修技术文件;大型游乐设施运行、维护保养、设备故障与事故处理记录;大型游乐设施作业人员培训、考核和证书管理记录;大型游乐设施监督检验报告与定期检验报告。

97. 大型游乐设施文件和记录应如何建立和保存?

(1) 使用单位应根据自身经营的性质、规模的特点、技术等条件,建立并保持与自身相适宜的安全管理文件;

(2) 使用单位应根据管理制度编制各类记录表格,记录大型游乐设施人员考核培训、设备运行、维护

保养、自行检查、应急演练、故障处置等过程。记录应填写完整、字迹清楚、标识明确(维护保养记录除了有维护保养人员的签字外,还应当由大型游乐设施安全管理人员签字确认);

(3) 大型游乐设施安全管理文件和记录应注明编写日期(包括修订日期),应有统一编号(包括版本编号),授权签发,发放记录保管有序并有一定的保存期限。有关文件和要求应向大型游乐设施使用单位内所有相关或受影响人员进行传达,并使有关各方易于获得文件的最新版本;

(4) 各类记录存放在安全地点妥善保管,便于查阅。重要的安全记录应以适当方式或者按法规要求妥善保管,以防损坏。

98. 怎样确保大型游乐设施安全管理制度及安全操作规程适用性?

为确保大型游乐设施岗位责任制度、安全管理制度和安全操作规程的有效性和适用性,大型游乐设施使用单位应明确评审和修订的时机和频次,定期进行评审和修订。

99. 怎样确保大型游乐设施信息能够有效收集、传达、沟通?

(1) 信息收集:大型游乐设施使用单位应建立获取法规、安全技术规范、政府有关文件及本单位大型游乐设施安全、节能管理等信息的渠道,应主动定期获取和更新大型游乐设施安全、节能信息，并确认其适用性；

（2）信息传达：大型游乐设施使用单位应将法规、安全技术规范、政府有关文件及本单位大型游乐设施设备安全管理制度及安全操作规程的修订信息在内部各层次之间以及内外部之间及时有效地传达，并将发现的游乐设施安全隐患及时通报给相关责任人员；

（3）信息沟通：应了解外部有关大型游乐设施安全信息，与大型游乐设施安全监督管理部门、检验检测机构、评价机构等部门建立有效的联络、交流机制、大型游乐设施有关内部信息沟通的形式，根据大型游乐设施使用单位特点可以是会议、文件、公告、宣传报道等。

100. 怎样做好大型游乐设施大型游乐设施作业人员培训教育？

（1）应明确负责培训的机构或人员，并规定培训的机构或人员的职责；

（2）安全管理负责人应当制定并实施安全培训教育计划，主要负责人应当提供相应的资源保证，加强作业人员安全培训教育，保证大型游乐设施作业人员具备必要的大型游乐设施安全和节能作业知识、作业技能，如本单位没有培训能力的，应委托专业机构进行培训；

（3）培训教育的内容应包括：大型游乐设施安全

基本知识、生产工艺及操作规程、新技术、大型游乐设施安全法律法规和安全规章制度、作业场所和工作岗位存在的危险源、防范措施及事故应急措施、事故案例等。培训应有书面记录并经被培训人员签字确认；

（4）使用单位应对本单位持有作业证书的人员建立大型游乐设施作业人员档案和内部培训教育档案，并按规定及时组织作业人员参加证件复审。

101. 大型游乐设施安全评估有哪些要求？

应对大型游乐设施的选购、安装、运营、维护保养、维修、改造、报废等全过程进行管理，并建立各环节的技术状态跟踪记录档案，适时进行安全评估，形成书面安全评估报告。

102. 大型游乐设施整机、部件设计使用年限有哪些要求？

（1）制造单位应当明示大型游乐设施整机、主要受力部件的设计使用期限；

（2）对在整机设计使用期限内需要检验、检测或更换的部件，应当设计为可拆卸结构；对不能设计为可拆卸结构的部件，其设计使用期限不得低于整机设计使用期限；

（3）游乐设施的整机使用寿命不小于 23 000 h。重要轴（销轴）类零部件，其设计寿命应大于 8 年（在设计说明书中有特殊规定的除外），不易拆卸的轴类（指拆装工作量占整机安装工作量的50%以上)按无限寿命设计。

103. 大型游乐设施达到设计使用年限后可否继续使用?

 大型游乐设施达到设计使用年限，使用单位认为可以继续使用的，应当按照安全技术规范及相关产品标准的要求，经检验或者安全评估合格，由使用单位安全管理负责人同意、主要负责人批准，办理使用登记变更后，方可继续使用。允许继续使用的，应当采取加强检验、检测和维护保养等措施，确保使用安全。

104. 哪种情况下，大型游乐设施属于存在事故隐患的?

(1) 非法生产的大型游乐设施;

(2) 超过设备规定的参数范围内使用的;

(3) 缺少安全附件、安全装置或安全附件、安全装置失灵的;

(4) 经检验结论为不允许使用的;

(5) 有明显故障、异常情况或者责令改正而未予以改正。

105. 哪种情况下，大型游乐设施属于达到安全技术规范规定的报废期限的?

 (1) 设备存在缺陷，达不到应有的安全性能;

(2) 超出规定的使用年限;

（3）产品技术落后，质量差，耗能高，效率低，已属淘汰且不适于继续使用，或技术指标已达不到使用要求的。

106. 哪种情况下，大型游乐设施属于无改造、维修价值的？

（1）改造、修理无法达到安全使用要求；

（2）修理改造费用已接近或超过市场价值。

107. 大型游乐设施的重要零部件达到报废期限后，运营使用单位应如何处理？

大型游乐设施的重要零部件达到或者超过现行标准、技术规范规定的寿命期限后应按报废处理。大型游乐设施重要零部件进行报废处理后，设备需更换重要零部件的，运营使用单位应当向该设备的注册登记机构办理修理告知手续，约请有资质单位进行更换修理，必要时应约请检验机构重新进行监督检验，方可投入使用。

108. 大型游乐设施需要进行改造时，应如何实施？

（1）大型游乐设施进行改造的，改造单位应当重新设计，按照规定进行设计文件鉴定、型式试验和监督检验，并对改造后的设备质量和安全性能负责；

（2）大型游乐设施改造单位应当在施工前将拟进行的大型游乐设施改造情况书面告知直辖市或者设

区的市的质量技术监督部门，告知后即可施工；

(3) 大型游乐设施改造竣工后，施工单位应当装设符合安全技术规范要求的铭牌，并在验收后30日内将技术资料移交运营使用单位存档。

109. 大型游乐设施需要进行修理或重大修理时，应如何实施？

(1) 大型游乐设施的修理、重大修理应当按照安全技术规范和使用维护说明书要求进行；

(2) 大型游乐设施修理单位应当在施工前将拟进行的大型游乐设施修理情况书面告知直辖市或者设区的市的质量技术监督部门，告知后即可施工；

(3) 重大修理过程，必须经大型游乐设施检验机构按照安全技术规范的要求进行重大修理监督检验，未经重大修理监督检验合格的不得交付、投入使用；

(4) 大型游乐设施修理竣工后，施工单位应将有关大型游乐设施的自检报告等修理相关资料移交运营使用单位存档；

(5) 大型游乐设施重大修理竣工后，施工单位应将有关大型游乐设施的自检报告、监督检验报告和无损检测报告等移交运营使用单位存档。

110. 大型游乐设施遇到因质量问题引发的故障或事故时，应如何处置？

(1) 大型游乐设施发生故障、事故的，运营使用单位应当立即停止使用，并按照有关规定及时向县级以

上地方质量技术监督部门报告；

(2) 对因设计、制造、安装原因引发故障、事故，存在质量安全问题隐患的，制造、安装单位应当对同类型设备进行排查，消除隐患。

111. 大型游乐设施经营场所属于租借性质时，如何落实安全主体责任?

(1) 运营使用单位租借场地开展大型游乐设施经营的，应当与场地提供单位签订安全管理协议，落实安全管理制度；

(2) 场地提供单位应当核实大型游乐设施运营使用单位满足相关法律法规以及本规定要求的运营使用条件。

112. 为什么大型游乐设施运营单位要进行备品备件管理?

备件是大型游乐设施修理、更换的主要物质基础，采购、储备质量优良的备品备件是保证设备的修理质量和缩短修理周期、提高设备的可靠性、减少因设备的维护导致经济损失及保证游乐设施安全营运的重要环节。

113. 为什么大型游乐设施运营单位需要配备备用动力装置?

游乐园场意外断电的情况是时会发生的，当发生停电时，为了保证高空类大型游乐设施能够应急运转，避免发生游客滞留高空的事故，大型游乐设施运营单位通常需要配备备用动力装置，并进行定期维护保养，保证在主动力被切断之后，大型游乐设施仍然能够依靠备用动力开展应急救援工作(见图 2-3)。

图 2-3　备用动力装置

114. 大型游乐设施电气设备安装有哪些安全要求?

(1) 严格按电气原理图和安装接线图施工；

(2) 电缆金属外皮应接地，并应与防雷接地装置连接。接地电阻应不大于 10 Ω；

(3) 电动机与机械传动的安装应良好。电动机的绝缘电阻应符合要求；

(4) 电气设备金属外壳和不带电金属的结构必须可靠接地，接地电阻应不大于 10 Ω；带电回路与地之间的绝缘电阻应大于 1 MΩ；

(5) 乘客容易接触的电气电压应不大于 50 V，由乘客操作的电器开关，应不大于 24 V，安装位置应方便操作；

(6) 配电柜、控制台安装的控制器件，应排放合理，布线整齐；信号灯、按钮、仪表布置要方便操作，并有明确标志；

(7) 音响信号应选最能引起乘客注意的位置安装；

(8) 集电器的安装应使电刷和滑环接触良好，防止雨水。

115. 大型游乐设施接地装置有哪些安全要求?

(1) 接地装置的接地电阻值应能始终满足各电气系统接地电阻值的要求；

(2) 接地装置的各个组成部分应有足够的截面，使正常泄漏电流和接地故障电流能安全地通过这些部分的允许最小截面；

(3) 接地装置的材质和规格在其所处环境内应具备相当的抗机械损伤、腐蚀和其他有害影响的能力。

116. 大型游乐设施电气安全应具有哪些安全措施?

(1) 电气绝缘。保持配电线路和电气设备的绝缘良好，是保证人身安全和电气设备正常运行的最基本要素；

(2) 安全距离。电气安全距离，是指人体、物体等接近带电体而不发生危险的安全可靠距离。如带电体与地面之间、带电体与带电体之间、带电体与人体之间、带电体与其他设施和设备之间，均应保持一定距离；

(3) 安全载流量。根据导体的安全载流量确定导体截面和选择设备是十分重要的；

(4) 标志。明显、准确、统一的标志是保证用电安全的重要因素。

117. 大型游乐设施拆检时，应注意哪些事项？

在拆检时，应考虑到拆检后的装配工作，为此应注意以下事项。

(1) 对拆卸零件要做好核对工作或做好记号。在拆卸时，有原记号的要核对，如果原记号已错乱或有不清晰者，则应按原样重新标记，以便安装时对号入位，避免发生错乱；

(2) 分类存放零件。对拆卸下来的零件存放应遵循如下原则：同一总成或同一部分的零件，尽量放在一起，不可互换的零件要分组存放，怕脏、怕碰的精密部分应单独拆卸与存放，怕油的橡胶件不应与带油的零件一起存放，怕丢失的零件，如垫圈、螺母要用铁丝串在一起或放在专门的容器里，各种螺栓应装上螺母存放；

(3) 保护拆卸零件的加工表面。在拆卸的过程中，一定不要损伤拆下零件的加工表面，否则将给设备带来隐患，亦会导致机器的技术性能降低。

118. 大型游乐设施电气设备维修通常应遵循哪些原则?

(1) 先动口再动手:对于有故障的电气设备,应先询问产生故障的前后经过及故障现象。对于生疏的设备,还应先熟悉电路原理和结构特点,遵守相应规则;

(2) 先外部后内部:应先检查设备有无明显缺损,了解其维修、更换情况,然后再对机内进行检查;

(3) 先机械后电气:只有在确定机械零件无故障后,再进行电气方面的检查;

(4) 先静态后动态:在设备未通电时,判断电气设备按钮、接触器、热继电器以及保险丝的好坏,从而判定故障的所在;

(5) 先清洁后维修:对污染较重的电气设备,先对其按钮、接线点、接触点进行清洁,检查外部控制键是否失灵;

(6) 先电源后设备:电源部分的故障率在整个故障设备中占的比例很高,所以先检修电源往往可以事半功倍;

(7) 先普遍后特殊:因装配配件质量或其他设备故障而引起的故障,一般占常见故障的50%左右。电气设备的特殊故障多为软故障,要靠经验和仪表来测量和维修;

(8) 先外围后内部:先不要急于更换损坏的电气

部件，在确认外围设备电路正常后，再考虑更换损坏的电气部件；

（9）先直流后交流：检修时，必须先检查直流回路静态工作点，再检查交流回路动态工作点。

119. 大型游乐设施常用仪器、仪表、检测器具的使用和维护要注意些什么？

（1）要经常注意检查安装于大型游乐设施上的电流表、电压表、温度计、压力表、接近开关和传感器等仪器（仪表），确保安装位置正确、连接牢固；

（2）要经常注意保持仪器、仪表、检测器具周围环境及仪器、仪表、检测器具本身的整洁；

（3）营业前，应分别用手动或自动功能检查大型游乐设施上升、下降、旋转、偏摆、提升、滑行、制动等动作，以验证相关检测仪器是否可靠、有效；

（4）开机前应首先检查安装于大型游乐设施预定位置上的仪器、仪表、检测器具有无异常，是否处于正常的工作状态；

（5）对于正常使用的仪器、仪表、检测器具等，如无异常不要随意拆动，如确需拆动、调整应由有关专业维修人员进行；

（6）为确保仪器、仪表、计量检测器具的动作灵敏、数据准确，必须按照有关规定对它们进行周期检定，定期送计量部门检验校准（见图 2-4）。

a）合格证

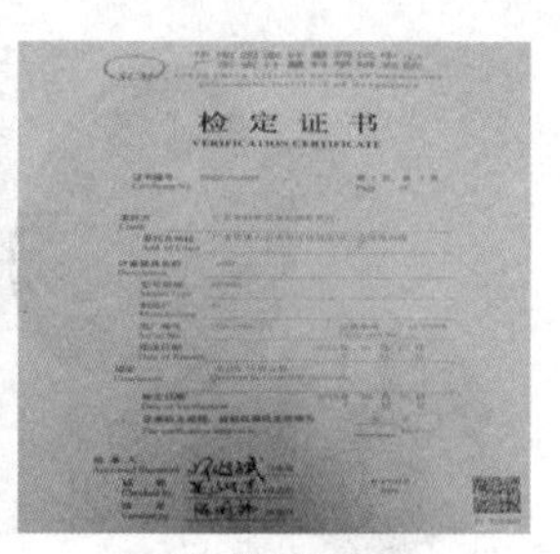

b）检定证书

图 2-4　合格证及检定证书

120. 大型游乐设施控制系统上设置的急停开关和停止开关有何区别？

急停开关属于主令控制电器的一种，当游乐设施处于危险状态时，通过急停开关切断电源，停止设备运行，达到保护乘客和设备的安全。急停开关为凸起手动复位式。串联接入设备的控制电路，用于紧急情况下直接按下红色蘑菇头按钮，断开控制电路电源，从而快速停止设备避免非正常工作。

急停与停止两者功能不一样，停止是停止相应的控制电路或部分控制线路，急停是在紧急情况下使用，大型设备在每个操作控制台都设有急停按钮，发生紧急情况可以使用急停按钮，使整台设备停止运行，确保人身或设备的安全。紧急停止按键开关具有自锁功能，不经手动释放会一直保持停止状态，而一般用途停止按键开关按下时动作，手离开就会马上释放返回原状态（见图 2-5）。

a) 急停开关

b) 停止开关

图 2-5 游乐设施开关

121. 大型游乐设施施工方案的内容至少包括哪些？

(1) 施工单位、设备名称、施工现场负责人、施工人员、施工日期、预计竣工日期等；

(2) 施工人员的工作实施调度，安全知识宣传及监督；

(3) 设备施工实施项目实施步骤及标准要求；

(4) 施工实施全过程记录及报告；

(5) 施工过程质量监控和报告及问题处理；

(6) 安全应急预案及处理。

122. 大型游乐设施安装单位施工现场勘察要注意什么？

施工现场负责人应事先对施工现场进行勘察，确认其已具备施工条件：

(1) 施工场地基础勘察，确认能满足设备安装要求；

（2）施工现场环境勘察，确认温度、湿度、照明及室外气候条件能满足设备安装需求；

（3）施工现场交通勘察，确认能满足设备运输及吊运条件；

（4）施工现场电源勘察，确认能符合用电要求及满足设备安装需求。

对于不能符合设备现场安装条件的，施工单位施工现场负责人应与用户单位负责人协商，落实整改，直至整改符合设备安装要求。

123. 哪些属于大型游乐设施运营过程的不安全（安全管理）行为之一？

（1）单位没有任命现场安全管理人员；

（2）安全管理人员未持证上岗或安全管理人员不在岗；

（3）各项安全管理制度未落实。

124. 哪些属于大型游乐设施运营过程的不安全（安全管理）行为之二？

（1）日常督促检查不到位，对设备使用状况不了解；

（2）事故隐患排查不彻底，发现问题未停止设备使用；

（3）对现场违规操作行为没有及时发现或制止。

125. 哪些属于大型游乐设施运营过程的不安全(安全管理)行为之三?

(1) 作业人员岗位配备不足;

(2) 对本单位人员的安全教育和培训不足;

(3) 未定期组织应急救援演练。

126. 哪些属于大型游乐设施运营过程的不安全(作业人员)行为之四?

(1) 无证上岗擅自操作;

(2) 虽取得游乐设施操作证,但未经过运营使用单位相关部门内部培训合格后就直接上岗;

(3) 不熟悉所操作设备的运行特点,操作程序。

127. 哪些属于大型游乐设施运营过程的不安全(作业人员)行为之五?

(1) 操作过程中闲聊,打电话、偷玩手机游戏;

(2) 擅离岗位,闯岗、未经允许随意换岗;

(3) 在操作期间,打瞌睡,注意力不集中。

128. 哪些属于大型游乐设施运营过程的不安全(作业人员)行为之六?

(1) 带病或精神状态不佳,依然在操作岗位;

(2) 高强度高节奏工作,疲劳作业,情绪不稳定,服务态度差;

(3) 年龄偏高,视力、听力不够好。

129. 哪些属于大型游乐设施运营过程的不安全(作业人员)行为之七?

 (1) 未确认电压、风速、天气条件等运行条件;

(2) 开机试运行次数不够;

(3) 对检查、确认、试运行情况未进行记录。

130. 哪些属于大型游乐设施运营过程的不安全(作业人员)行为之八?

 (1) 未向乘客讲解安全注意事项、禁止事宜;

(2) 未谢绝不符合乘坐条件的乘客游玩;

(3) 未合理安排乘客乘坐,造成偏载。

131. 哪些属于大型游乐设施运营过程的不安全(作业人员)行为之九?

 (1) 未关闭好安全栅栏出入口;

(2) 未对乘客的安全带、安全压杠、舱门等安全装置进行检查确认;

(3) 未发出开机提示音或开机信号就开机。

132. 哪些属于大型游乐设施运营过程的不安全(作业人员)行为之十?

 (1) 未能时刻注意观察乘客动态和设备状况;

(2) 未及时制止个别乘客的不安全行为(解开安全带、头手伸出舱外、站立等);

(3) 未能有效维持场地内乘坐秩序,乘客抢上抢下。

133．哪些属于大型游乐设施运营过程的不安全（作业人员）行为之十一？

（1）运行过程中作业人员擅自穿越禁行区域；

（2）运转过程中，允许闲人进入安全栅栏；

（3）操作人员与服务人员之间的协作效果差。

134．哪些属于大型游乐设施运营过程的不安全（作业人员）行为之十二？

（1）发现问题没及时停机，没及时上报；

（2）遇到异常情况，不知道采取何种措施；

（3）应急情况处理出现误操作。

135．哪些属于大型游乐设施运营过程的不安全（作业人员）行为之十三？

（1）检修人员未持证上岗或违章操作；

（2）未按要求开展检查、维护或检查不认真、不到位；

（3）运营中未按规定进行巡检。

136．哪些属于大型游乐设施运营过程的不安全（作业人员）行为之十四？

（1）检查中发现问题没有及时解决或上报，默许设备带病运行；

（2）擅自更改设备运行模式或屏蔽安全回路；

（3）擅自启动手动操作模式（维修模式）代替正常运行模式。

三、大型游乐设施的安全运营

137. 运营使用单位的定义是什么?

是指从事大型游乐设施日常经营管理的,向质量技术监督部门办理使用登记的企事业单位、个体工商户等。

138. 大型游乐设施安全管理机构职责与设置条件是什么?

特种设备安全管理机构是指使用单位中承担特种设备安全管理职责的内设机构。职责是贯彻执行国家特种设备有关法律、法规和安全技术规范及相关标准,负责落实使用单位的主要义务;使用10台以上(含10台)大型游乐设施的游乐场(园)应设置特种设备安全管理机构。

139. 运营使用单位应建立哪些安全管理制度?

运营使用单位应当建立健全安全管理制度。安全管理制度应当包括以下主要内容:技术档案管理制度;设备管理制度;安全操作规程;日常安全检查制度;维护保养制度;定期报检制度;作业和服务人员守则;作业人员及相关运营服务人员安全培训考核制

度；应急救援演练制度；意外事件和事故处理制度（见图 3-1）。

图 3-1　建立安全管理制度宣传画

140. 大型游乐设施使用单位均应配备专职安全管理员吗？

大型游乐设施使用单位应当根据本单位特种设备的数量、特性等配备适当数量的安全管理员。大型游乐设施运营单位按规定是应当配备专职安全管理员，并且取得相应的特种设备安全管理人员资格证书。

141. 大型游乐设施使用单位作业人员的数量配置有什么要求？

大型游乐设施使用单位应当根据本单位游乐设施数量、特性等配备相应持证的作业人员，并且在使用游乐设施时应当保证每班至少有一名持证的作业人员在岗。

142. 水上游乐设施运营单位要配置哪些岗位人员？

水上游乐设施运营单位除了要配备足够的维保人员和管理人员外，还要配备足够的救生人员和救生设备。对水面宽阔不易观察到的设施应设置高位监护哨。救生人员着装应统一并易于识别，并应配置相应的联络器材、通讯设备以及救生工具。

143. 大型游乐设施使用单位的法人有哪些岗位职责？

(1) 全面负责大型游乐设施的安全使用；

(2) 领导本单位贯彻执行国家的法律、法规；

(3) 负责批准本单位有关安全管理的政策及安全管理体系；

(4) 保证安全经费的投入；

(5) 任命一名高层管理人员为安全管理负责人。

144. 大型游乐设施使用单位的安全管理责任人有哪些岗位职责？

(1) 检查操作人员、维修保养人员的作业情况和各项记录；

(2) 制止和纠正操作人员、维修保养人员的违章作业行为；

(3) 及时处理事故隐患或者其他异常情况报告；

(4) 发生停电、恶劣气候、火灾等紧急情况时，做出停止使用的决定；

（5）发生事故时，组织本单位人员开展应急救援工作。

145. 大型游乐设施使用单位的安全检查部门负责人有哪些岗位职责？

（1）负责大型游乐设施安全检查制度的编写；

（2）负责大型游乐设施应急预案的编写和演练的执行；

（3）负责大型游乐设施安全事故现场的处理及后续工作；

（4）负责大型游乐设施安全管理各个环节（使用、维保、检验等）责任人员和操作人员的安全技术培训及管理工作；

（5）负责与相关职能部门工作的协调；

（6）负责监督检查大型游乐设施运营部门及设备维护部门游乐设施安全管理制度的执行情况。

146. 大型游乐设施使用单位的运营部门负责人有哪些岗位职责？

（1）负责制定大型游乐设施安全操作规程；

（2）负责大型游乐设施日常运行的检查；

（3）负责组织大型游乐设施操作人员的培训；

（4）负责对游乐项目服务标准、操作流程、环境卫生进行质量控制；

（5）负责跟进大型游乐设施的维护保养和维修

工作；

(6) 负责事故现场的紧急援救与上报工作。

147. 大型游乐设施使用单位的操作人员有哪些岗位职责？

(1) 在大型游乐设施每日投入运行前进行试运行，确认运行正常、安全装置有效；

(2) 指导乘客使用安全装置和正确乘坐大型游乐设施，并向乘客讲解相关的安全注意事项；

(3) 及时制止和纠正乘客违反安全注意事项的行为，如制止和纠正无效，有权拒绝其乘坐大型游乐设施；

(4) 发现事故隐患或者其他异常情况时，立即停止设施运转，及时向安全管理人员报告，并向乘客说明情况；

(5) 发生事故后疏散乘客，与暂时不能离开设施的乘客保持联络，对受伤人员采取紧急救治措施；

(6) 完整填写每日运行日志。

148. 大型游乐设施使用单位的运营服务人员有哪些岗位职责？

(1) 应遵守规章制度及设备管理的规定；

(2) 应了解岗位设备的基本特点；

(3) 协助操作人员做好岗位工作；

(4) 运行中应密切注视游客的安全状态和设备的运行情况，发现设备运行异常时，应立即向操作人员报告；

（5）乘客发生意外事故时，应按规定程序采取紧急救援措施，认真做好善后处理工作；

（6）遵守安全服务有关规定，注意自身安全。

149. 大型游乐设施使用单位的维修人员有哪些岗位职责？

（1）了解每台大型游乐设施的性能、结构和原理，掌握游乐设施有关的技术规范和标准；

（2）具有熟练的修理技能和较强的判断故障能力；

（3）严格按照维修作业指导文件进行作业；

（4）做好维修记录。

150. 大型游乐设施使用单位的维护保养人员有哪些岗位职责？

（1）熟悉各种在用游乐设施的性能、结构、运行机理、使用维护要求；

（2）按照保养作业指导文件进行作业；

（3）对日常检查发现的问题应及时处理，避免设备带病运行；

（4）每日运营前，将设备认真检查一遍，确保安全和正常运营；

（5）要保管好各种维修器材与工具；

（6）填写维护保养记录。

151. 大型游乐设施操作规程应包含哪些内容?

使用单位应当根据所使用设备运行特点制定操作规程。操作规程一般包括设备运行参数、操作程序和方法、维护保养要求、安全注意事项、巡回检查和异常情况处置规定,以及相应记录等。

152. 大型游乐设施操作人员的安全操作应做好哪些?

(1) 熟悉本大型游乐设施的性能、特点以及工作原理;

(2) 每天做好营业前、营业中、营业后检查;

(3) 每天搞好设备及环境卫生;

(4) 空机试运转两次,确认一切运转正常才能营业;

(5) 大型游乐设施运转时操作员严禁离开岗位,要密切注视游客动态;

(6) 每天要填写好设备检查和运营情况登记表;

(7) 遇到不正常情况或发现存在不安全因素,要紧急停机;

(8) 遇到意外事故,应采取适当的应急措施。

153. 大型游乐设施运营工作前有哪些主要工作要做?

(1) 每天运营前应做好安全检查,检查内容根据各单位相关规章制度要求进行；

(2) 每天运营前要空载试机运行应不少于两次，确认一切正常后，才能开机营业；

(3) 做好当天游乐设施试运转情况、开机前检查确认结果记录，并签字确认。

154. 大型游乐设施在运营时有哪些要特别注意的事项？

(1) 每趟开机前安全栅栏内不准站人，操作或服务人员要维持好秩序，让那些等待上机的乘客站到栅栏外面去，以免开机时刮伤；

(2) 每趟开机前操作或服务人员必须逐个检查乘客的安全带是否系好（安全压杠是否压好），以避免在运行时出现事故；

(3) 对座舱在高空中旋转的游乐设施，操作或服务人员要负责引导乘客均匀乘坐，不要造成过分偏载；

(4) 每天运营中应严格按照各岗位操作规程进行作业，时刻留意设备状态和乘客乘坐动态；

(5) 节假日乘客过多时，要适当增加监护和服务人员，以免照顾不过来而发生事故。

155. 在运营中有哪些要劝阻游客的事项？

(1) 劝阻乘客不要抢上，游乐设施未停稳前不要抢下，抢上抢下都容易跌倒摔伤；

(2) 劝阻乘客不要站立或将头、胳膊伸到座舱外面，以免发生意外；

(3) 劝阻乘客将随身物品寄存，以免游玩过程甩落或滑落；

(4) 劝阻乘客全部系好安全带，严禁途中私自解开安全带；

(5) 要劝阻家长不要抱幼儿乘坐不准幼儿乘坐的游乐设施。儿童可以乘坐但不能单独乘坐的项目，一定要有家长陪同乘坐；

(6) 劝阻酗酒者不要乘坐大型游乐设施；

(7) 劝阻乘客不在安全栅栏之内进行拍照，以防被运行着的游乐设施撞伤。

156. 营业结束后，工作人员如何做好安全检查？

(1) 关掉设备总电源(有气压系统的排掉剩余压缩气体)；

(2) 做好设备和场内的清洁卫生；

(3) 检查所属范围内有无遗留火种，如发现有火种应及时扑灭；

(4) 做好班后“六关”(关门、关窗、关灯、关电源、关风扇、关用水装置)工作；

(5) 检查有没有客人或物品遗留在场内；

(6) 做好当日设备情况及运营记录。

157. 大型游乐设施使用单位做好设备的维护保养和定期检查工作有什么意义？

大型游乐设施在使用过程中，由于内在原因和外界的因素，会出现各种各样的问题，需要经常性的维护保养，才能保持正常的运行状况。定期做好检查工作，可使一些问题及时发现，及时处理，保证设备的安全运行。做好维护保养和定期自行检查工作，是使用单位的一项义务，也是延长设备使用年限的一项重要手段。

158. 为什么大型游乐设施上的安全附件、安全保护装置应当定期校验、检修，并做好记录？

大型游乐设施上的安全附件、安全保护装置有的在特种设备一旦出现异常情况是能够起到自我保护的作用，有的是观察特种设备是否正常使用的“眼睛”，如安全阀、温度计、水位表等。如果安全附件、保护装置失灵，设备在出现异常现象时，得不到自我保护。

159. 大型游乐设施安全检查的要求包括哪些内容？

运营单位应根据标准和安全技术规程的要求、制造厂提供的设备使用说明书，以及设备使用的状况，规定日检、周检、月检、年检等不同周期的检查项目，组织人员实施并做好相关记录，给出安全评价意见。游乐设施运行期间，应安排相关人员对游乐设施的运行状况进行必要的巡查，确保安全。

运营使用单位应当按照安全技术规范和使用维护说明书的要求，开展设备运营前试运行检查、日常

检查和维护保养、定期安全检查并如实记录。对日常维护保养和试运行检查等自行检查中发现的异常情况，应当及时处理。在国家法定节假日或举行大型群众性活动前，运营使用单位应当对大型游乐设施进行全面检查维护，并加强日常检查和安全值班。

运营使用单位进行本单位设备的维护保养工作，应当按照安全技术规范要求配备具有相应资格的作业人员、必备工具和设备。

160. 水上游乐设施每日运营前，日检项目至少应包括哪些内容？

(1) 水滑道表面不应有气泡、裂纹、凸起、毛刺、锐边、异物等；

(2) 滑梯润滑水应满足安全使用要求，不应存在漏水现象；

(3) 各游乐池的回水格栅应安全可靠，游乐池无尖角锐边现象；

(4) 安全标志以及游客须知应清晰明了；

(5) 水质标准应符合规定；

(6) 救生人员和辅助设施应配置齐全。

161. 机械类大型游乐设施日检项目至少应包括哪些内容？

大型游乐设施每日运营前应对规定的部位进行安全检查和试运行，并记录检查情况，确认设备正常后，方可运营。

（1）控制装置、限速装置、制动装置和其他安全装置是否有效及可靠；

（2）整机运行是否正常，有无异常的振动或噪声；

（3）各易磨损件和连接件是否安全可靠；

（4）门连锁开关及安全带等是否完好；

（5）润滑点是否满足设备润滑的要求；

（6）重要部位（轨道、车轮等）是否正常；

（7）液压系统或气动系统有无漏油、漏气，液压站油箱油位是否正常。

162．大型游乐设施的月检至少应检查哪些内容？

（1）各种安全装置或者部件是否有效；

（2）动力装置、传动和制动系统是否正常；

（3）润滑油量是否足够，冷却系统、备用电源是否正常；

（4）绳索、链条及吊辅具等有无超过标准规定的损伤；

（5）控制电路与电气元件是否正常。

163．运营单位对在用的大型游乐设施年度检查有哪些要求？

（1）在用的大型游乐设施，应每年进行1次全面检查，并做好相应的记录；

（2）应依据定期检验的项目和设备使用的状况，以及设备制造厂对年度检修的要求，制定年度检修

方案；

(3) 水上游乐设施的年检应在每年的营业季开始前或监督检验前进行，年检的项目除月检的项目外，还应包括钢结构焊接质量的目测、钢结构的防腐检查，以及所有结构件的紧固检查。

164. 大型游乐设施运营单位在运营期间应加强巡检，巡检有哪些具体要求？

(1) 应建立游乐设施运行过程的巡检制度，确保在运行过程中，游乐设施处于安全可靠状态；

(2) 巡检内容应根据游乐设施运行情况，确定检查项目和周期，并做好相应记录；

(3) 巡检设备操作员应佩带有效的操作或维修人员资格证。

165. “摩天轮”日常检查项目至少应包括哪些？

摩天轮的结构、大小差异很大，日检的项目要求也不同，通常需要关注的检验项目如下：

(1) 启动有无异常振动冲击；

(2) 转盘转动是否有异常声响(摩擦声、轴承响声等)；

(3) 吊厢摆动是否灵活，有无不正常摆动；

(4) 固定吊厢的螺栓、吊厢轴与吊厢的连接螺栓是否松动；

(5) 吊厢玻璃或是否完好，窗户上的拦挡物是否完好，有无脱落现象；

(6) 吊箱门锁是否良好，以确保乘客在里面不能打开；

(7) 吊厢中是否存在杂物；

(8) 基础无异常；

(9) 防雷接地系统保持良好；

(10) 通讯广播系统良好；

(11) 各润滑点是否润滑良好，销轴、轴承、齿轮等是否要加润滑剂；

(12) 电机、减速器、制动装置等联结良好，有无异常声响；

(13) 齿轮、链轮与链条啮合是否正常；

(14) 液压系统无明显渗漏情况(用于制动)；

(15) 应急备用动力源或人工紧急驱动机构是否正常。

166. “摩天轮”运转中要注意什么？

(1) 大部分摩天轮均为连续运行，上人下人均不停车。对于这种运动方式的观览车，在上下人处应分别设服务人员，一人负责开门，并照顾下来的乘客；一人照顾上车的乘客，并负责把两道锁锁好；

(2) 开始营业时，要隔 2～3 个吊厢再上人，以免造成过分偏载。空载或接近空载时，遇到游客突然增多，上客岗服务人员应安排好游客隔厢乘坐，等到旋转一周后才逐厢上落；

(3) 学龄前儿童要与家长同时乘坐，以免吊厢升

高时，孩子恐惧而出现意外；

（4）摩天轮在运转过程中，操作人员不能离开操作室。同时要注意观察运转状况，当出现异常情况时，要立即停车；

（5）上、下客岗服务人员应留意观察游客在游乐过程中的状况，出现不利于安全的情况（如摇摆车厢、中途站立等），要及时纠正；

（6）如遇个别残疾人士或高龄游客上落有困难，可请示机长作停机上客下客的特殊处理，但必须在确认安全的前提下，才能操作。非特殊情况严禁中途停机；

（7）如雷雨天气应尽快疏离乘客，停止运行。遇停电时，上客岗服务人员应立即停止上客，关闭入口，采用备用动力牵引逐厢下客。

167.“摩天轮”出现下列紧急情况时应采取什么措施？

（1）当乘客处在座舱上升阶段中产生恐惧或出现情况需要紧急疏离时，要立即停车并使转盘反转，将乘客尽快疏散下来。不要等转完一周后再停下来，避免出现意外；

（2）如运行中，发现吊箱门未锁好或意外打开时，要立即停车并反转，确认门锁能锁紧后方可再开机；

（3）当运转中突然停电时，要及时通过广播向乘客说明情况，让乘客放心等待。立即采用备用动力源（内燃机）驱动或采用手动卷扬机构转动转盘将乘客逐个疏散下来。

168. “自控飞机”日常检查项目至少应包括哪些？

自控飞机的结构、大小差异很大，日检的项目要求也不同，通常需要关注的检验项目如下：

（1）各润滑点是否润滑良好，销轴、轴承、齿轮等是否要加润滑剂；

（2）底座及传动装置的地脚螺栓是否松动；

（3）各支臂的连接螺栓、销轴卡板是否松动；

（4）座舱平衡拉杆调整是否适当，拉杆两端销轴上的开口销有无断裂、脱落现象；

（5）各座舱上的安全带、安全压杠是否固定牢固，完好无损；

（6）座舱与支承臂连接的各支承板焊缝有无裂纹；

（7）升降用的油缸（气缸）无泄漏，两端的销轴是否固定牢固；

（8）升降限位上下行程开关是否有效；

（9）试运行、座舱升降过程是否存在异常抖动。

169. “自控飞机”运转中要注意什么？

（1）大型自控飞机游乐设施一般应设两个以上的服务人员，维护场内秩序，劝阻乘客不要抢上抢下；

（2）开机前检查每个乘客是否系好了安全带，安全压杠是否压好，锁紧；

（3）乘客较少时，应引导乘客分散乘坐，不要形成过分偏载；

（4）拒绝不适宜人群乘座，身高或年龄不足的儿童一定要在成人陪同下游玩；

（5）运用广播器用礼貌语言指导乘客正确乘坐，提醒乘客自己可以操控部分的要领，提示乘客"游乐现在开始"。按预备警铃两次，确认场内没有不安全的因素才开机；

（6）游乐进行中要注意观察乘客动态，不允许乘客坐在座舱的边缘上，不允许怪声喊叫。乘客在飞机运行过程中，不准站立或半蹲进行拍照。发现不安全因素应及时通过广播器进行制止，有必要时要采用急停措施；

（7）游乐即将结束前，要及时提醒乘客机未停稳时请勿解开安全带，请勿站立或跳下座舱。

170."自控飞机"出现下列紧急情况时应采取什么措施？

（1）当座舱的平衡拉杆出现异常，座舱倾斜或座舱某处出现断裂情况时，应立即停机使座舱下降，同时通过广播告诉乘客一定要紧握扶手；

（2）液压升降的游乐设施运行中突然停电时，座舱如不能自动下降，操作人员应迅速打开手动阀门泄油，将高空的乘客降到地面。当游乐设施停止旋转后，座舱不能自动下降，亦可采用此办法将乘客降到地面；

(3) 当游乐设施运行中,出现异常振动、冲击和声响时,要立即按动紧急事故按钮,切断电源,将乘客疏散。经过检查排除故障后,方可重新开机。

171. “松林飞鼠”(多车滑行)日常检查项目至少应包括哪些?

松林飞鼠的结构、大小差异很大,日检的项目要求也不同,通常需要关注的检验项目如下:

(1) 车上安全带是否固定牢固,有无损坏情况;

(2) 车前缓冲装置有无损坏;

(3) 车体有无破损;

(4) 车轮轴有无松动及变形,逆止挡块是否起作用;

(5) 车轮转动灵活、磨损情况,与轨道间隙是否正常;

(6) 联接、紧固螺栓有无松动;

(7) 润滑情况是否良好;

(8) 制动过程平稳、进站停止准确定位,制动片有无异常磨损;

(9) 多车运行自动联锁控制装置是否有效;

(10) 试运行、提升、止逆是否平稳,有无异常晃动;

(11) 轨道有无变形开焊情况,必要时应测量轨距,其数值是否在标准规定的范围内。

172. “松林飞鼠”(多车滑行)运转中要注意什么?

(1) 要认真检查乘客是否系好安全带;

(2) 拒绝不适宜人群乘座;

(3) 车辆运行中,提醒乘客不要解开安全带,扶紧把手;

(4) 前面的车辆未进入滑行轨道以前,不允许放行后面的车辆,以免发生碰撞;

(5) 当车辆停位不准时,要及时调整刹车装置,待停位准确后,方可继续载人运行;

(6) 当车辆处在牵引状态,突然停电时,操作人员应迅速登上安全通道,将乘客顺利的疏导下来;

(7) 营业过程中,若突然遇雨,应停止运行。雨后需待轨道稍干后方可运行。

173. “滑行车”在提升过程出现紧急情况时应采取什么措施?

(1) 正在向上提升的滑行车,若设备或乘客出现异常情况,按动紧急停车按钮,停止运行,然后将乘客从安全走道疏散下来;

(2) 如果滑行车因故停在提升段的最高点上(车头已经过了最高点),应将乘客从车头开始,依次向后进行疏散。注意一定不要从车尾开始疏散,否则滑行车可能会因车头重而向前滑移,造成事故。

174.“双人飞天”日常检查项目至少应包括哪些?

双人飞天的结构、大小差异很大，日检的项目要求也不同，通常需要关注的检验项目如下：

(1) 升降大臂及升降用油缸的地脚螺栓是否松动；

(2) 吊椅的锁扣有无松脱现象，保险装置是否可靠；

(3) 吊椅的安全挡杆，是否灵活可靠；

(4) 吊挂销轴有无变形及损坏；

(5) 吊椅与吊杆的连接螺栓是否松动；

(6) 吊挂上部焊接板焊缝有无开焊现象；

(7) 吊椅是否有破损；

(8) 润滑情况。

175.“双人飞天”运转过程中要注意什么?

(1) 开机前检查每个乘客是否系好了安全带，安全压杠是否压好，锁紧；

(2) 乘客较少时，应引导乘客分散乘坐，不要形成过分偏载；

(3) 游乐进行中要注意观察乘客动态，发现不安全因素应及时通过广播器进行制止，必要时要采用急停措施；

(4) 大型游乐设施一般应设两个以上的服务人员，维护场内秩序，劝阻乘客不要抢上抢下；

(5) 拒绝不适宜人群乘座，身高或年龄不足的儿童一定要在成人陪同下游玩；

(6) 提示乘客“游乐现在开始”。按预备警铃两次，确认场内没有不安全的因素才开机；

(7) 游乐即将结束前，要及时提醒乘客机未停稳时请勿解开安全带，请勿跳下座舱。

176. “双人飞天”出现下列紧急情况时应采取什么措施？

(1) 遇到紧急情况时，要及时停车并同时降下大臂；

(2) 当升降大臂不能下降时，先停机，确认无其他机械故障后，方可手动打开放油阀，使大臂徐徐下降。

177. “豪华转马”日常检查项目至少应包括哪些？

转马的结构、大小差异很大，日检的项目要求也不同，通常需要关注的检验项目如下：

(1) 各润滑点是否润滑良好，轴承、齿轮等是否要加润滑剂；

(2) 底座及传动装置的连接螺栓是否松动；

(3) 各曲臂的连接螺栓、销轴卡板是否松动；

(4) 马匹的玻璃钢是否有破损，脚踏板是否牢固；

(5) 试运行、转动过程是否存在异常抖动。

178. “豪华转马”运转中要注意些什么？

(1) 乘客较少时，应引导乘客分散乘坐，不要形成过分偏载；

(2) 提示乘客“游乐现在开始”。按预备警铃两次，确认场内没有不安全的因素才开机；

(3) 身高或年龄不足的儿童一定要在成人陪同下游玩；

(4) 游乐即将结束前，要及时提醒乘客机未停稳时请勿解开安全带，请勿跳下座舱；

(5) 遇到紧急情况时，要及时停车。

179. “豪华转马”出现下列紧急情况时应采取什么措施？

(1) 当运行中有乘客不慎从马上滑落时，操作人员要立即提醒乘客不要下转盘，否则会发生危险，并立即停止运行；

(2) 当有人将脚插进转盘与站台间隙中间时，要立即停车。

180. 水上乐园运营单位运营过程有哪些要求？

(1) 水上乐园应设立专门的管理部门，并按规定配备足够的救生员、医护人员和急救设施；

(2) 各水上游乐项目均应设立监视台，有专人值勤，监视台的数量和位置应能看清水上游乐项目全部范围；

(3) 应在明显的位置公布各种水上游乐项目的游乐规则,视频或广播系统应反复宣传,提醒游客注意安全,防止意外事故发生;

(4) 每天运营前,应对具有一定危险度的水上游乐设施试运行;

(5) 每天运营前应对水面漂浮物和水池底杂物清除一次;

(6) 每天应定时检查水质。

181. 水滑梯每天运营使用有哪些注意事项?

(1) 做好滑梯表面质量检查,并由试滑人员进行试滑;

(2) 要按滑梯运行要求,严格限定乘客滑行姿势;

(3) 单人滑道或单人皮筏禁止 2 人或者超过 2 人同时滑行;

(4) 有重量或身高限制的滑梯,应设置身高或体重检测仪器;

(5) 多人皮筏滑梯乘坐时,操作人员要引导乘客平衡乘坐,避免失衡出现意外;

(6) 滑行中出现意外时要启动相应紧急措施。

182. 造浪池每天运营使用有哪些注意事项?

(1) 每次开始造浪前要做好游玩注意事项说明;

(2) 每日运营前应有人员检查池底是否有异物,以防游客刮伤;

（3）泄水口与出水口应注意检查是否存在致游客被吸入溺水的隐患；

（4）造浪时皮筏一般不许带进造浪池，防止受冲击发生碰撞；

（5）造浪池通常人员比较密集，造浪时大人应注意照顾好小孩，防止溺水事故；

（6）必须配备足够救生人员，救生人员要经过专业的救生训练或有救生职业资格；

（7）外围应设置高位监护哨；

（8）每天应定时检查水质（见图 3-2）。

图 3-2 造浪池

183. 水上游乐设施的水质有哪些基本要求？

（1）池水的感官性良好，不得含有病原微生物，所含化学物质不得危害人体健康；

（2）水质平衡检测项目（包括化学项目，物理项目检测，包括 pH 值、水温、硬度等）应符合相关规定；

（3）运营使用单位需对水质进行定期监测，必要

时应委托专业检测机构进行定期检测。

184. 运营过程中，如何正确检查、使用和维护安全带？

(1) 应检查安全带安装连接有无异常，带体有无破损，开启扣是否灵活可靠有效；

(2) 使用时、操作员应协助每个游客扣好安全带，将锁舌插入到卡扣中，直到听到喀哒一声响后，往上提一提锁舌，以确认是否锁住。对待儿童，其安全带的使用应尽量减少空隙，把安全带拉紧，以防儿童滑出造成危险；

(3) 运行结束后，操作人员应协助游客解下安全带并将其轻轻放置于座舱中，避免开启扣碰伤玻璃钢等；

(4) 若发现安全带已破损、锁舌、卡扣不起作用，则必须立即换装新的安全带(见图 3-3)。

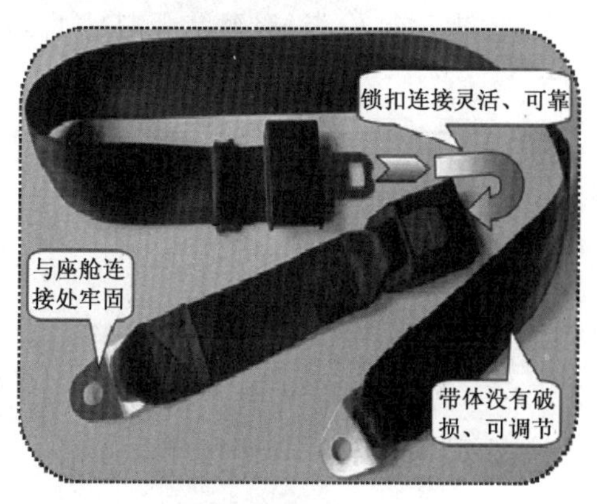

图 3-3　安全带

185. 运营过程中，如何正确检查、使用和维护安全压杠？

(1) 安全压杠各关节部位，转动是否灵活；

(2) 安全压杠安装连接是否牢固，固定座的连接焊缝有无裂纹等；

(3) 由油缸或气缸控制的安全压杠保护装置，还必须检查其控制系统工作是否正常，管路连接有无泄漏，压力表显示是否正常等；

(4) 有关连接的销轴、螺栓螺母、弹簧等是否完好，有无异常；

(5) 安全压杠测试动作，锁紧后无异常间隙和松动；

(6) 使用时由操作人员为游客压好安全压杠后，必须检查安全压杠压下时，游客坐姿是否紧贴靠背，并对压杠作向上反推检查，以确认压杠锁止到位（见图 3-4）；

图 3-4　安全压杠检查

（7）运行结束后，由操作人员松开安全压杠后，引导游客安全离开座舱；

（8）检查发现安全压杠安装不牢固，压紧松动、间隙大等异常情况时，应由维修人员进行检查维护，相对运动的部位，应定期加油润滑。

186.“林中飞鼠”是怎样防止在爬坡时倒溜的，平时应如何检查？

为了防止“林中飞鼠”在爬坡时候倒溜，“林中飞鼠”的底部设置了止逆装置。在“林中飞鼠”使用过程中，运营使用单位必须认真检查止逆装置可靠性。

（1）座舱底部的止逆（防倒退）钩连接是否牢靠，止逆（防倒退）钩销轴有无异常；

（2）止逆（防倒退）钩有无磨损，是否完好；

（3）斜坡的止逆（防倒退）齿条，连接是否可靠，止逆（防倒退）齿磨损是否正常；

（4）止逆（防倒退）钩的复位弹簧状态是否良好，有无损坏脱落；

（5）应逐一对车辆（座舱）进行试机检查。方法是将座舱提升至轨道斜坡段的任一位置，再切断电源，若座舱能被止逆（防倒退）钩钩住，则说明该装置性能可靠；

（6）发现问题应及时维修（见图 3-5）。

a) 照片

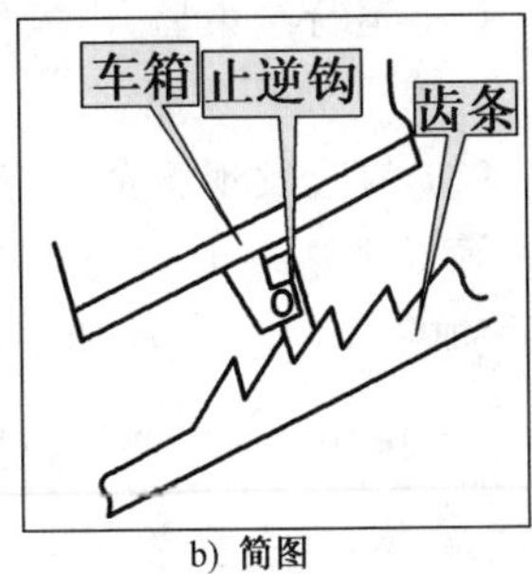

b) 简图

图 3-5 止逆装置

187. 滑行类大型游乐设施的进站是如何减速的，平时应如何检查？

以松林飞鼠为例，为了让车辆进站前能够减速并平稳停下，车辆进站前的轨道上一般会设置减速装置，由于需要准确停位，站台上还设置必须设置制动装置。在使用过程中，运营使用单位必须认真检查其制动装置可靠性。

(1) 制动装置的安全可靠性；

(2) 制动是否平稳，间隙是否适当，不应使乘人感受有明显冲击；

(3) 制动闸的磨损情况；

(4) 制动的液压及气压装置动作应正常；

(5) 用弹簧压力制动时，压力应适当；

(6) 如发现异常时应及时修复。

188. 大型游乐设施安全栅栏的使用和维护要注意什么?

安全栅栏对维护大型游乐设施现场的秩序,确保游客的安全、具有不可替代的作用。因此,必须做好安全栅栏的维护保养工作,经常检查其各连接焊缝是否完好,栅栏柱与地脚板的连接有无松动,钢管或圆钢表面油漆是否完好,并定期油漆翻新(不锈钢除外)。

189. 大型游乐设施运营使用单位应如何制定应急预案?

(1) 运营使用单位应当制定应急预案,建立应急救援指挥机构,配备相应的救援人员、营救设备和急救物品。对每台(套)大型游乐设施还应当制定专门的应急预案;

(2) 运营使用单位应当加强营救设备、急救物品的存放和管理,对救援人员定期进行专业培训,每年至少对每台(套)大型游乐设施组织1次应急救援演练;

(3) 运营使用单位可以根据当地实际情况,与其他运营使用单位或公安消防等专业应急救援力量建立应急联动机制,制定联合应急预案,并定期进行联合演练。

190. 大型游乐设施运营使用单位应急管理培训包括哪些内容?

大型游乐设施运营使用单位应经常性地对游乐设备作业人员和应急救援人员进行应急培训,使救援人员熟练掌握救护知识,提高救援技能,应急时能有效地实施救援。培训内容包括:

(1)事故预防方法与措施;

(2)危险源辨识;

(3)事故报告流程和方法;

(4)应急响应程序;

(5)各类事故处理方案;

(6)基本救护知识;

(7)避灾避险常识;

(8)逃生自救方法等。

191. 大型游乐设施运营使用单位应定期进行大型游乐设施应急救援演练,演练应包括哪些内容?

为了使应急救援人员熟练掌握救援流程,在应急时能快速进入状态,大型游乐设施运营使用单位每年至少应进行一次应急预案演练。在旅游旺季和大黄金周前,应尽可能进行一次应急预案演练,以强化员工安全意识,提高应急救援队伍反应速度和实战能力。演练后应认真总结经验和不足,并按统一的表格填写演练记录。演练中,发现预案可能存在的不科学、不符合实际或针对性不强之处，应及时修订和完善应急预案。应急救援演练内容至少应包括：

（1）模拟设备突发意外事件；

（2）立即停止设备运行；

（3）组织调动援救人员与设备；

（4）迅速抢救受伤人员；

（5）紧急组织人员疏散；

（6）保护事故设备现场；

（7）及时向上级有关部门报告（见图 3-6）。

图 3-6 应急预案演练

192. 大型游乐设施作业人员在检查或运营中发现问题时应如何处理？

（1）发生异常情况时，首先采取应急措施（如立即停止运行）防止事态扩大，同时向安全管理人员和单位有关负责人报告；

（2）出现故障或者发生异常情况的特种设备，要查明原因，消除故障、异常情况；

（3）不得带病运行、冒险作业，待故障、异常情况消除后，方可继续使用。

193. 大型游乐设施运行时发生触电事故应该采取什么措施？

（1）立即断开机台电源总开关；

（2）挂牌暂停营运、保护现场；

（3）将触电人员转移到合适的位置；

（4）采取必要的人工呼吸等急救措施；

（5）迅速通知上级及医疗单位，协助将伤者送医救治；

（6）保护好现场，做好事故经过的记录。

194. 发生大型游乐设施事故后，事故现场有关人员应该怎样报告？

发生大型游乐设施事故后，事故现场有关人员应当立即向事故发生单位负责人报告；事故发生单位的负责人接到报告后，应当于1小时内向事故发生地的县以上特种设备安全监督管理部门和有关部门报告以下内容。

（1）事故发生的时间、地点、单位概况以及特种设备种类；

（2）事故发生初步情况，包括事故简要经过、现场破坏情况、已经造成或者可能造成的伤亡和涉险人数、初步估计的直接经济损失、初步确定的事故等级、初步判断的事故原因；

（3）已经采取的措施；

（4）报告人姓名、联系电话；

（5）其他有必要报告的情况。

195. 游乐园（场）哪些位置应设置安全警示标志？

（1）电源处有用电危险警示，并提示用电状态；

（2）栅栏进、出口明显处有标示及指示牌；

（3）设备入口处有明显的乘客须知及安全事项温馨提示；

（4）乘客游玩区域内明显处有安全事项温馨提示。安全通道有应急指示并有足够的应急照明设备；

（5）严禁游客进入的地方，有请勿进入等标示。

196. 运营使用单位应在大型游乐设施的入口处张贴哪些东西？

运营使用单位应当在大型游乐设施的入口处等显著位置张贴乘客须知、安全注意事项和警示标志，注明设备的运动特点、乘客范围、禁忌事宜等。安全标志应符合以下要求：

（1）在有必要提醒人们注意安全的场所和位置应设置安全标志；

（2）安全标志应在醒目的位置设立，清晰易辩，不应设在可移动的物体上；

（3）各种安全标志应随时检查，发现有变形、破损或变色的，应及时整修或更换。

197. 大型游乐设施是否需要悬挂《特种设备使用标志》?

大型游乐设施使用登记标志与定期检验标志合二为一,统一为《特种设备使用标志》,大型游乐设施运营时必须把特种设备使用标志悬挂在显著位置(见图 3-7)。

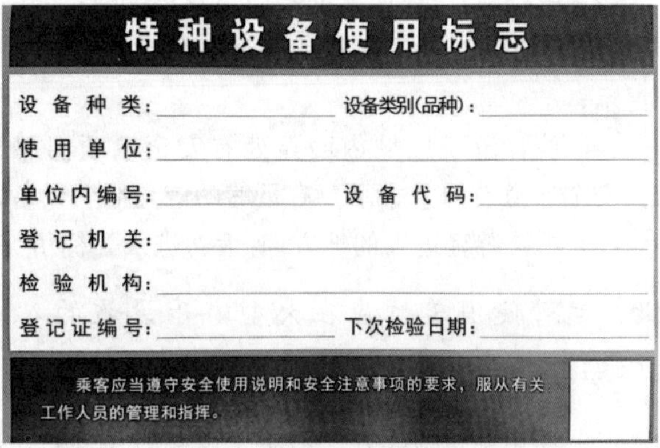

特种设备使用标志

设备种类:		设备类别(品种):	
使用单位:			
单位内编号:		设备代码:	
登记机关:			
检验机构:			
登记证编号:		下次检验日期:	

乘客应当遵守安全使用说明和安全注意事项的要求,服从有关工作人员的管理和指挥。

图 3-7 特种设备使用标志

198. 大型游乐设施乘客须知至少有哪些内容?

大型游乐设施应在醒目之处张贴“乘客须知”,其内容应包括该设施的运动特点,适应对象,禁止事宜及注意事项等(见图 3-8)。

碰碰车游客须知

1、体弱有病、精神病患者、酗酒者、严重缺钙者、孕妇或其他不宜乘坐者不准乘坐。

2、一米以下儿童须由成人妥善保护方可乘坐。

3、少年儿童开车前须带上安全带。

4、开车后，乘客不得离位或用手触及其它车辆。

5、开车以后，其他乘客不得进入场地内，以免撞伤。

6、听从工作人员指挥，车未停稳，不得离座下车。

7、有随身携带物品请放好，以免对自己和他人造成伤害。

以上条款请大家自觉遵守，谢谢合作！

图 3-8　乘客须知

199. 哪些情况下，大型游乐设施在重新投入使用前，运营使用单位应当组织对其进行全面检查和维修保养？

(1) 经受了可能影响其安全技术性能的自然灾害(如火灾、水淹、地震、雷击、大风等)；

(2) 发生设备事故；

(3) 停止使用1年以上。

经全面检查和维修保养，完全消除影响安全的隐患后，方可投入使用。实施大修的特种设备，必须按照大修的有关规定执行。上述工作情况应当详细记录。

200. 大型游乐设施所用的钢丝绳滑轮出现哪些情况时必须报废?

金属铸造的滑轮,当出现裂纹、轮槽不均匀磨损达3毫米、轮槽壁厚磨损达原壁厚的20%、因磨损使轮槽底部直径减少量达钢丝绳直径的50%、滑轮轴磨损量达原直径的3%以及其他损害钢丝绳的严重缺陷时,只要有一种情况发生,就应报废(见图3-9)。

图3-9　钢丝绳滑轮

201. 大型游乐设施的重要轴磨损到什么程度时必须更换?

对于涉及人身安全的游乐设施主轴、中心轴、乘坐物支撑轴、乘坐物吊挂轴、重要的传动轴、车轮轴、升

降油缸、上下销轴等轴直径磨损量需小于原直径的0.8%，且最大不超过1 mm，轴锈蚀量打磨光后小于原直径的1%，且最大不超过1 mm，超过必须及时更换。

202. 大型游乐设施达到设计使用年限后可否继续使用？

大型游乐设施达到设计使用年限，使用单位认为可以继续使用的，应当按照安全技术规范及相关产品标准的要求，经检验或者安全评估合格，由使用单位安全管理负责人同意、主要负责人批准，办理使用登记变更后，方可继续使用。允许继续使用的，应当采取加强检验、检测和维护保养等措施，确保使用安全。

四、大型游乐设施的安全乘坐

203. 如何识别所乘的游乐设施是否安全?

查看大型游乐设施入口处是否在明显位置设置有安全公示栏,是否张贴有“安全合格标志”,且当前日期未超出标志中的“下次检验日期”,是否张贴有“设备使用登记证”,大型游乐设施安全管理人员是否在场,操作人员是否持证上岗。游乐设施的安全运行关系到游客的人身及财产安全,它的安全运行依赖于有效的管理和日常的维护保养;按照法规规定,游乐设施运行中,必须配备专职安全管理人员,操作人员必须持证上岗,每台(套)大型游乐设施每年度都需进行定期检验,经过定期检验合格的游乐设施,可以反映出其是在使用单位的有效管理之下,有对设备进行日常维护保养。只有这样的游乐设施,才有可能处在安全运行状态。

204. 乘坐大型游乐设施之前要注意些什么(之一)?

注意检验标志:按照国家规定,新装或在用大型游乐设施必须经过检验合格方可投入使用,在用大型游乐设施定期检验周期为一年,凡经过安全检验合格的大型游乐设施,由特种设备安全监督管理部门颁发安

全检验合格标志，并粘贴在大型游乐设施的醒目地方，游客不要乘坐未经检验或定期检验有效期超期的大型游乐设施（见图 4-1）。

图 4-1　有安全检验合格标志的大型游乐设施

205. 乘坐大型游乐设施之前要注意些什么（之二）？

注意乘坐须知：每台在用的大型游乐设施的醒目地方必须设有“乘客须知”，“乘客须知”规定乘坐条件和乘坐过程注意事项，乘坐前要仔细阅读，不满足乘坐条件的应拒绝乘坐（见图 4-2）。

图 4-2　乘客须知

206. 乘坐大型游乐设施之前要注意些什么(之三)?

耐心排队等候:乘坐前乘客一定要在安全栅栏外等候,人多时要排队等候。当设备处于运行状态时,其运行区域属于危险区域,乘客切不可擅自开启进出口或翻越栅栏进入设备运行区域(见图 4-3)。

图 4-3　游客不可进入设备运行区域

207. 乘坐大型游乐设施之前要注意些什么(之四)?

不能抢上抢下:设备停止运行到停稳有一定的时间,在大型游乐设施未停稳之前不要抢上抢下,防止出现意外情况。

208. 乘坐大型游乐设施之前要注意些什么(之五)?

儿童需有陪同:设备运行时会达到一定的速度、高度，存在一定的惊险，规定儿童不能单独乘坐的，儿童乘坐时必须有家长或成人陪同，未明确规定的，家长尽量陪同乘坐（见图 4-4）。

图 4-4　须家长或成人陪同项目

209. 乘坐大型游乐设施之前要注意些什么（之六）？

听从服务人员指挥：乘客按照工作人员的指挥顺序上下。上下时，应注意头上和脚下，以免磕碰或跌倒（见图 4-5）。

图 4-5　服从工作人员指挥

210．乘坐大型游乐设施的时候要注意些什么（之一）？

注意系好安全带：乘坐时要系好安全带（压紧安全压杆），运行时请两手握紧安全把手，运行中严禁乘客私自开启安全带或安全压杆（见图 4-6）。

图 4-6　安全带、安全压杆

211．乘坐大型游乐设施的时候要注意些什么（之二）？

切勿将身体部位伸出舱外：乘客乘坐大型游乐设施时，在座椅上正姿坐好，不要故意摇动座舱，头、手、脚等部位切不可伸向舱外，以免发生意外碰伤、撞伤。

212．乘坐大型游乐设施的时候要注意些什么（之三）？

乘客不能站立：大型游乐设施在运行中，切不可随意站立或蹲起，更不允许在运行中起立拍照。

213. 乘坐大型游乐设施的时候要注意些什么(之四)?

注意保管好自带物品:运行中,应妥善保管好自带物品,不要向外散落、投掷,容易掉落的装饰品,请预先摘下。

214. 大型游乐设施发生意外时,游客应该怎样做?

发生意外时千万别惊慌:大型游乐设施在运行中,发生停电等故障时,在工作人员未通知前尽量不要离开座位,耐心等待紧急救援。

215. 游客乘坐豪华转马时有什么要特别注意的?

(1)按照顺序登上转马坐好,小孩坐内侧,大人坐外侧,乘坐过程注意扶稳;

(2)设备运行时,乘客不能擅自离开座椅,待设备停稳后再离开座椅;

(3)注意转马平台中的夹缝,切勿把手或脚放入夹缝;

(4)当运行中有乘客不慎从马上滑落时,操作人员要立即提醒乘客不要下转盘,否则会发生危险,并立即停止运行(见图4-7)。

图 4-7　豪华转马

216. 游客乘坐过山车时有什么要特别注意的？

(1) 乘客应严格对照乘客须知，根据身体条件合理选择乘坐；

(2) 有严重心脏病、高血压、恐高症、饮酒过量者请勿乘坐；

(3) 按照顺序登上车辆后坐好，在工作人员指引下系好安全带、扣紧安全压杆，设备运行期间，要坐好扶稳。

(4) 乘坐本项目时，身上切勿携带任何容易脱落的物品，如相机、提包、钥匙、手机等。

(5) 请勿穿拖鞋或赤脚乘坐本项目，运行过程中不得将头、手等身体部位伸出车厢外；

(6) 如遇突发性事件，请游客切勿慌张，保持冷静，停留在原位，等待工作人员的帮助(见图 4-8)。

图 4-8 过山车

217. 游客乘坐“松林飞鼠”时有什么要特别注意的？

(1) 严格对照乘客须知，根据身体条件合理选择乘坐，有严重心脏病、高血压、恐高症、饮酒过量者请勿乘坐；

(2) 按照顺序登上车辆后坐好，扣紧安全带，车辆滑行过程要抓紧扶手；

(3) 乘坐松林飞鼠时，身上切勿携带任何容易脱落的物品，包括手机、钱包等物品；

(4) 车辆运行过程中切勿打开安全带，不得将头、手等身体部位伸出车厢外；

(5) 车辆进站停稳后方可下车，并带齐随身物品从出口处离开；

(6) 如遇突发性事件，请游客切勿慌张，保持镇定，尽量保持在原位，等待工作人员的帮助(见图 4-9)。

图 4-9 松林飞鼠

218. 游客乘坐"激流勇进"时有什么要特别注意的?

(1) 严格对照乘客须知,根据身体条件合理选择乘坐,有严重心脏病、高血压、恐高症、饮酒过量者请勿乘坐;

(2) 按照顺序登上车辆后坐好,压紧安全压杠,船只在滑行过程要抓紧扶手;

(3) 乘坐本项目时,身上切勿携带任何容易脱落的物品,包括手机、钱包等物品;

(4) 船只俯冲过程溅起水花,乘客在游玩前应穿好专用雨具,运行过程中不得将头、手等身体部位伸出车厢外;

(5) 如遇突发性事件,请游客切勿慌张,保持镇定,尽量保持在原位,等待工作人员的帮助(见图 4-10)。

图 4-10 松林飞鼠

219. 游客乘坐双人飞天时有什么要特别注意的?

(1) 乘客应严格对照乘客须知,根据身体条件合理选择乘坐;

(2) 设备运行中,千万不要将手、胳膊、脚等身体任何部分伸出车外,更不要擅自解开安全带、打开安全压杠。

(3) 乘坐本项目时,身上切勿携带任何容易脱落的物品,如相机、提包、钥匙、手机等。

(4) 要听从工作人员指挥,按顺序上下,坐稳扶好。

(5) 游乐设施到站停止后,请在工作人员指挥、引导或帮助下解下安全带和抬起安全压杠。座舱与站台间存在较大高差,小心跌倒。

(6) 在运行中若出现意外情况，不要惊慌、乱动，应在原位置等待工作人员的救援，不要擅自解开安全带、打开安全压杠(见图 4-11)

图 4-11　双人飞天

220. 游客乘坐旋转飞椅时有什么要特别注意的?

(1) 乘客应严格对照乘客须知，根据身体条件合理选择乘坐；

(2) 游客在乘搭大型游乐设施时，要保持好坐姿，不可在乘客之间相互打闹、推让，或做站立、用力摇晃等危险动作，并始终系好安全带；

(3) 为避免存在偏载，游客乘座时应按要求尽量均匀乘坐；

(4) 设备在未停止运行及未停稳时，严禁游客自行上下；

(5) 如遇突发性事件，请游客切勿慌张，保持镇定，尽量保持在原位，等待工作人员的帮助(见图 4-12)。

图 4-12　旋转飞椅

221. 游客乘坐“赛车”时有什么要特别注意的？

(1) 严格对照乘客须知，根据身体条件合理选择乘坐，有严重心脏病、高血压、恐高症、饮酒过量者请勿乘坐；

(2) 身上切勿携带任何容易脱落的物品，包括手机、钱包等物品；

(3) 在车辆后坐好后，扣紧安全带，必要时带好防护头盔；

(4) 行驶过程中切勿打开安全带，双手要扶紧方向盘，控制好车辆行驶方向；

(5) 初学驾驶者，应先熟悉所驾驶车辆加速踏板与制动踏板的状况和位置，且应慢速起步；

(6) 行驶中遇车辆发生故障，无法正常行驶时，应尽量向车道一旁停靠，等待救援；

(7) 需按车道标定的速度行驶，严禁超速行驶，严禁追逐碰撞(见图 4-13)。

图 4-13 赛车

222. 游客乘坐“青蛙跳”时有什么要特别注意的？

(1) 严格对照乘客须知，根据身体条件合理选择乘坐，有严重心脏病、高血压、恐高症、饮酒过量者请勿乘坐；

(2) 儿童乘坐时需有大人陪同；

(3) 乘坐时，乘客身上切勿携带任何容易脱落的物品，包括手机、钱包等物品；

(4) 登上座舱后坐好，扣紧安全带，压好压杠，设备跳跃过程要抓紧扶手；

(5) 设备运行过程中切勿打开安全带；

(6) 座舱离站台间有距离较高，需待设备完全停稳后方可离开座舱，以防跌倒；

(7) 如遇突发性事件，请游客切勿慌张，保持镇定，尽量保持在原位，等待工作人员的帮助（见图 4-14）。

图 4-14　青蛙跳

223. 游客乘坐自控飞机时有什么要特别注意的？

(1) 乘客应严格对照乘客须知，根据身体条件合理选择乘坐，身高不足的儿童需要大人陪同；

(2) 按照顺序登上飞机后坐好，小孩坐内侧，大人坐外侧，系好安全带；

(3) 为避免存在偏载，游客乘座时应按要求尽量均匀乘坐；

(4) 设备运行，要坐好扶稳，游乐中途不要站立、不要解开安全带；大人要照顾好小孩；

(5) 游戏结束，飞机未停稳，请不要解开安全带，不要站立，等停稳后才下来。待设备停稳，解开安全带，离开座舱；

(6) 如遇突发性事件，请游客切勿慌张，保持镇定，尽量保持在原位，等待工作人员的帮助（见

图 4-15)。

图 4-15　自控飞机

224. 游客乘坐摩天轮时有什么要特别注意的?

(1) 乘客应严格对照乘客须知,根据身体条件合理选择乘坐;

(2) 儿童乘坐需有成人陪同,有严重心脏病、高血压、恐高症、饮酒过量者请勿乘坐;

(3) 摩天轮运行过程中,请勿在座舱内站立、晃动或走动,更不要试图打开座舱门,严禁动用舱内附属设备;

(4) 雷雨天气及危及设备运行安全的情况下,摩天轮停止对外开放,请予以谅解;

(5) 如遇突发性事件,请游客切勿慌张,保持镇定,尽量保持在原位,等待工作人员的帮助(见图 4-16)。

图 4-16　摩天轮

225. 游客游玩水滑梯时有什么要特别注意的?

(1) 要按滑梯运行要求,保持正确滑行姿势;

(2) 多人皮筏滑梯乘坐时,要听从操作人员引导平衡乘坐,避免失衡出现意外;

(3) 在游乐池中,注意不要将头部伸向进水口和泄水口的地方,防止发生意外;

(4) 玩水滑梯要注意安全,严禁在滑道上站立、蹲立或头朝下;

(5) 在同一滑道内禁止两人同时或前后续接下滑;

(6) 整个滑行结束后应迅速离开,避免发生碰撞(见图 4-17)。

图 4-17　水滑梯

226. 游客游玩峡谷漂流时有什么要特别注意的？

(1) 乘客应严格对照乘客须知，根据身体条件合理选择乘坐；

(2) 请勿携带任何危及自己、他人及设备安全的物品乘坐本设备，请将此类物件存放于指定的储物柜内；

(3) 行驶过程中若遇船停留，请勿解开安全带；

(4) 如遇突发事件，请乘客切勿慌张，保持镇定，等待工作人员的帮助(见图 4-18)。

图 4-18　峡谷漂流

227. 游客游玩碰碰车有什么要特别注意的？

(1) 乘客应严格对照乘客须知，根据身体条件合理选择乘坐；

(2) 学龄前儿童、心脏病、高血压人群、年龄较大的长者不宜游玩；

(3) 避免让儿童单独玩碰碰车，儿童玩碰碰车时应有大人陪同或者旁边做好保护措施；

(4) 设备运行过程中，地板属于低压带电状态，乘客不能赤脚进入碰碰车场游玩；

(5) 设备运行过程中，中途严禁自行下车，以防发生碰撞或触电意外(见图 4-19)。

图 4-19　碰碰车

228. 游客游玩滑道时有什么要特别注意的？

(1) 乘客应严格对照乘客须知，根据身体条件合理选择乘坐；

(2) 在乘坐滑车滑行时，应系好安全带，紧握速度

控制杆,保持正确滑行姿势;

(3) 设备运行,要控制好车速,保持车辆间距离,严禁故意碰撞,以免发生意外事故;

(4) 设备运行,要坐好扶稳,游乐中途不要站立、不要解开安全带;

(5) 滑到终点后请迅速离开从滑道出口离开(见图 4-20)。

图 4-20 滑道

五、大型游乐设施法规标准

229. 我国大型游乐设施管理模式与制度是怎样规定的？

我国大型游乐设施管理模式与制度是将大型游乐设施作为一种特种设备来进行监管，通过对大型游乐设施设计、制造、施工（安装、改造、修理）和使用各环节的监管，来实现大型游乐设施的安全管理，具体是：

游乐设施设计环节；大型游乐设施设计完成后，制造单位应当依法向特种设备检验机构申请设计文件鉴定。特种设备检验机构应当按照安全技术规范的要求进行设计文件鉴定。

游乐设施制造环节；对从事大型游乐设施制造单位实行行政许可制度。欲进行游乐设施生产活动的企业，应向国家质检总局申请，经总局委托单位审查合格并取得国家质检总局的许可后方可从事大型游乐设施生产活动。大型游乐设施的制造应当按照国家制定或公布的安全技术规范要求进行，制造单位对其生产的大型游乐设施的安全负责。

施工环节；同样对从事大型游乐设施施工单位实行行政许可制度。欲进行大型游乐设施施工活动的企业，应向国家质检总局申请，经总局委托单位审查合格并取得国家质检总局的许可后方可从事大型游乐设施施工活动。对大型游乐设施进行安装、改造、修理时，施工单位应当在施工前将拟进行的大型游乐设施安装、改造、修理情况书面告知直辖市或设区的市的特种设备安全监督管理部门，并经自检合格后，向相应的检验机构申请监督检验。

使用环节：要求大型游乐设施使用单位对其使用的大型游乐设施办理使用登记、建立大型游乐设施安全技术档案、做好日常维护保养、及时提出定期检验、及时消除事故隐患、配置专职安全管理人员进行管理、加强对大型游乐设施管理人员和操作人员的培训和考核等。在用大型游乐设施应每年进行一次定期检验。

230. 我国大型游乐设施法规标准体系结构是怎样的？

为了加强大型游乐设施的安全监察，提高大型游乐设施产品质量，防止和减少事故，保障人民群众生命和财产安全，促进经济发展的目的，我国制定了一套涉及大型游乐设施设计、制造、安装、改造、修理和使用各环节的法规标准体系，该体系自上而下由“法律－行政法规－部门规章－安全技术规范－引用标准”五个层次构成。大型游乐设施制造单位、安装改造及维护保养单位、监察及检验检测机构、使用单位等单位或人员应遵循该体系中相应法规标准要求。

我国技术标准分为强制性和推荐性标准。对于推荐性标准，若在安全技术规范中被全部或部分引

用，则引用部分成为强制执行条款。而对于强制性标准，不论安全技术规范引用与否，企业在生产活动中都应遵守和执行，因为根据我国《标准化法》，强制性标准具有法律效用，是必须遵守和执行的。

231. 现行与大型游乐设施相关的法律法规有哪些？

我国大型游乐设施法规主要分为法律、行政法规、部门规章及安全技术规范四类，分别有：

（1）法律

《中华人民共和国特种设备安全法》（国家主席令第四号）

（2）行政法规

《特种设备安全监察条例》（国务院令第549号）

（3）部门规章

①《大型游乐设施安全监察规定》（国家质检总局令154号）

②《特种设备作业人员监督管理办法》（国家质检总局令第140号）

③ 关于公布《特种设备作业人员作业种类与项目》目录的公告

④《特种设备事故报告和调查处理规定》（国家质检总局令第115号）

⑤ 质检总局关于修订《特种设备目录》的公告（2014年第114号）

（4）安全技术规范

①《特种设备使用管理规则》TSG 08—2017

②《机电类特种设备制造许可规则(试行)》国质检锅[2003]174号

③《机电类特种设备安装改造维修许可规则(试行)》国质检锅[2003]251号

④《游乐设施安全技术监察规程(试行)》国质检锅[2003]34号

⑤《大型游乐设施设计文件鉴定规则(试行)》国质检锅[2003]321号

⑥《游乐设施监督检验规程(试行)》国质检锅[2002]124号

⑦《特种设备制造、安装、改造、维修质量保证体系基本要求》(TSG Z0004-2007)

⑧《特种设备作业人员考核规则》(TSG Z6001—2013)

⑨《大型游乐设施安全管理人员和作业人员考核大纲》(TSG Y6001-2008)

⑩《特种设备使用管理规则》TSG 08－2017

232. 大型游乐设施相关标准主要有哪些?

我国目前关于大型游乐设施的标准主要有:

——GB/T 8408—2018《大型游乐设施安全规范》

——GB/T 18158—2008《转马类游艺机通用技术条件》

——GB/T 18159—2008《滑行车类游艺机通用技术条件》

——GB/T 18160—2008《陀螺类游艺机通用技术条件》

——GB/T 18161—2008《飞行塔类游艺机通用技术条件》

——GB/T 18162—2008《赛车类游艺机通用技术条件》

——GB/T 18163—2008《自控飞机类游艺机通用技术条件》

——GB/T 18164—2008《观览车类游艺机通用技术条件》

——GB/T 18165—2008《小火车类游艺机通用技术条件》

——GB/T 18166—2008《架空游览车类游艺机通用技术条件》

——GB/T 18167—2008《光电打靶类游艺机通用技术条件》

——GB/T 18168—2017《水上游乐设施通用技术条件》

——GB/T 18169—2008《碰碰车类游艺机通用技术条件》

——GB/T 18170—2008《电池车类游艺机通用技术条件》

——GB/T 18878—2008《滑道设计规范》

——GB/T 18879—2008《滑道安全规范》

——GB/T 20306—2017《游乐设施术语》

——GB/T 20049—2006《游乐设施代号》

——GB/T 20050—2006《游乐设施检验验收》

——GB/T 20051—2006《无动力类游乐设施技术条件》

——GB/T 16767—2010《游乐园(场)服务质量》

——GB/T 28265—2012《游乐设施安全防护装置通用技术条件》

——GB/T 30220—2013《游乐设施安全使用管理》

——GB/T 31257—2014《蹦极通用技术条件》

——GB/T 31258—2014《滑索通用技术条件》

——GB/T 34370—2017《游乐设施无损检测》

——GB/T 34371—2017《游乐设施风险评价》

233.《特种设备安全法》对大型游乐设施制造单位的主要要求有哪些?

(1) 国家按照分类监督管理的原则对特种设备生产实行许可制度。大型游乐设施制造单位应当备下列条件,并经负责特种设备安全监督管理的部门许可,方可从事生产活动:

① 有与生产相适应的专业技术人员;

② 有与生产相适应的设备、设施和工作场所;

③ 有健全的质量保证、安全管理和岗位责任制度。

(2) 大型游乐设施制造单位应当保证特种设备生产符合安全技术规范及相关标准的要求,对其生产的特种设备的安全性能责任。不得生产不符合安全性能要求和能效指标以及国家明令淘汰的特种设备；

（3）大型游乐设施的设计文件，应当经负责特种设备安全监督管理部门核准的检验机构鉴定，方可用于制造；

（4）按照安全技术规范的要求，应当进行型式试验的大型游乐设施或者试制大型游乐设施新产品，制造单位应当依法向特种设备检验机构申请型式试验。

234.《大型游乐设施安全监察规定》对大型游乐设施安装环节的主要要求有哪些？

（1）安装单位在安装施工前，应当确认场地、设备基础、预埋件等土建符合土建工程质量监督管理要求；

（2）安装单位应当在施工前将拟进行的大型游乐设施安装情况书面告知直辖市或设区的市的特种设备安全监督管理部门，告知后即可施工；移动式大型游乐设施重新安装的，安装单位应当在施工前按照规定告知直辖市或设区的市的特种设备安全监督管理部门；

（3）安装单位应当落实质量管理体系和管理制度，严格按照设计文件、标准、安全技术规范、施工方案等进行作业，加强现场施工质量和安全管理；大型游乐设施安装施工现场的作业人员应当满足施工要求，具有相应特种设备作业人员资格的人数应当符合安全技术规范的要求；

（4）大型游乐设施的安装过程应当按照安全技术规范规定的范围、项目和要求，由特种设备检验机构在企业自检的基础上进行安装监督检验；未经安装监督检验机构检验合格的不得交付使用；运营使用单位不得擅自使用未经安装监督检验机构检验合格的大型游乐设施；

(5) 大型游乐设施安装竣工后，安装单位应当在大型游乐设施明显部位装设符合安全技术规范要求的铭牌；安装单位应当在验收后30日内将安全技术规范要求的出厂随机文件、安装监督检验和无损检测报告，以及经制造单位确认的安装质量证明、调试及运行记录、自检报告等安装技术资料移交运营使用单位存档。

235.《大型游乐设施安全监察规定》对大型游乐设施使用环节的主要要求有哪些？

(1) 大型游乐设施在投入使用前或者投入使用后30日内，运营使用单位应当向直辖市或者设区的市的特种设备安全监督管理部门登记。移动式大型游乐设施在每次重新安装投入使用前或者投入使用后30日内，运营使用单位应当向直辖市或者设区的市的特种设备安全监督管理部门登记；移动式大型游乐设施拆卸后，应当在原使用登记部门办理注销手续。运营使用单位应当将登记标志置于大型游乐设施进出口处等显著位置；

(2) 运营使用单位应当在大型游乐设施安装监督检验完成后1年内，向特种设备检验机构提出首次定期检验申请；在大型游乐设施定期检验周期届满1个月前，运营使用单位应当向特种设备检验机构提出定期检验要求。特种设备检验机构应当按照安全技术规范的要求进行定期检验；

(3) 运营使用单位应当建立健全安全管理制度；

(4) 运营使用单位应当对每台(套)大型游乐设施建立技术档案，依法管理和保存；

(5) 运营使用单位应当按照安全技术规范和使用维护说明书的要求，开展设备运营前试运行检查、日常检查和维护保养、定期安全检查并如实记录。对日常维护保养和试运行检查等自行检查中发现的异常情况，应当及时处理。在国家法定节假日或举行大型群众性活动前，运营使用单位应当对大型游乐设施进行全面检查维护，并加强日常检查和安全值班。运营使用单位进行本单位设备的维护保养工作，应当按照安全技术规范要求配备具有相应资格的作业人员、必备工具和设备；

(6) 运营使用单位应当在大型游乐设施的入口处等显著位置张贴乘客须知、安全注意事项和警示标志，注明设备的运动特点、乘客范围、禁忌事宜等；

(7) 运营使用单位应当制定应急预案，建立应急救援指挥机构，配备相应的救援人员、营救设备和急救物品。对每台(套)大型游乐设施还应当制定专门的应急预案。运营使用单位应当加强营救设备、急救物品的存放和管理，对救援人员定期进行专业培训，每年至少对每台(套)大型游乐设施组织1次应急救援演练。运营使用单位可以根据当地实际情况，与其他运营使用单位或公安消防等专业应急救援力量建立应急联动机制，制定联合应急预案，并定期进行联合演练。

(8) 运营使用单位法定代表人或负责人对大型游乐设施的安全使用管理负责；

(9) 运营使用单位应当设置专门的安全管理机构并配备安全管理人员，或者配备专职的安全管理人员，并保证设备运营期间，至少有 1 名安全管理人员在岗；

(10) 运营使用单位应当按照安全技术规范和使用维护说明书要求，配备满足安全运营要求的持证操作人员，并加强对服务人员岗前培训教育，使其掌握基本的应急技能，协助操作人员进行应急处置。

236.《特种设备安全法》对大型游乐设施安全技术检验的主要要求有哪些？

(1) 从事大型游乐设施监督检验、定期检验、型式试验和设计文件鉴定的游乐设施检验机构，应当具备下列条件，并经负责特种设备安全监督管理的部门核准，方可从事检验、检测工作：

① 有与大型游乐设施检验、检测工作相适应的检验、检测人员；

② 有与大型游乐设施检验、检测工作相适应的检验、检测仪器和设备；

③ 有健全的检验、检测管理制度和责任制度；

(2) 从事大型游乐设施监督检验、定期检验、型式试验和设计文件鉴定的检测人员应当经考核，取得游乐设施检验检测人员资格，方可从事检验检测工作；

(3) 大型游乐设施检验、检测工作应当遵守法律、行政法规的规定，并按照安全技术规范的要求进行；

(4) 大型游乐设施检验、检测机构及其检验、检测人员应当依法为游乐设施生产、经营、使用单位提供安全、可靠、便捷、诚信的检验、检测服务；

(5) 大型游乐设施检验、检测机构及其检验、检测人员应当客观、公正、及时地出具检验、检测报告，并对检验、检测结果和鉴定结论负责；

(6) 大型游乐设施检验、检测机构及其检验、检测人员在检验、检测中发现特种设备存在严重事故隐患时，应当及时告知相关单位，并立即向负责特种设备安全监督管理的部门报告；

(7) 大型游乐设施生产、经营、使用单位应当按照安全技术规范的要求向特种设备检验、检测机构及其检验、检测人员提供特种设备相关资料和必要的检验、检测条件，并对资料的真实性负责；

(8) 大型游乐设施检验、检测机构及其检验、检测人员对检验、检测过程中知悉的商业秘密，负有保密义务。

237.《特种设备安全法》对大型游乐设施的销售单位有什么规定?

(1) 大型游乐设施销售单位销售的大型游乐设

施，应当符合安全技术规范及相关标准的要求，其设计文件、产品质量合格证明、安装及使用维护保养说明、监督检验证明等相关技术资料和文件应当齐全；

（2）禁止销售未取得许可生产的特种设备，未经检验和检验不合格的特种设备，或者国家明令淘汰和已经报废的特种设备；

（3）销售单位应当建立大型游乐设施设备检查验收和销售记录制度。

238.《特种设备安全法》对进口的大型游乐设施有什么规定？

（1）进口的大型游乐设施应当符合我国安全技术规范的要求，并经检验合格；需要取得我国特种设备生产许可的，应当取得许可；

（2）进口大型游乐设施随附的技术资料和文件应当符合规定，其安装及使用维护保养说明、产品铭牌、安全警示标志及其说明应当采用中文；

（3）大型游乐设施的进口检验，应当遵守有关进出口商品检验的法律、行政法规。

239. 大型游乐设施的随机文件包括哪些？

（1）装箱单(或装车单)；

（2）设计图样，包括维修保养必备的机械、电气、液压、气动等部分图纸及易损件图纸；

（3）产品质量证明文件，至少包括产品合格证、重要受力部件材质一览表和材质证明书、重要焊缝和销

轴类的探伤报告、标准机电产品合格证及使用维护说明书；

（4）合同约定的其他资料。

240. 大型游乐设施使用单位或产权单位名称更名时应如何办理变更手续？

 使用单位或者产权单位名称变更时，使用单位或者产权单位应当持原使用登记证、单位名称变更的证明资料，重新填写使用登记表（一式两份），到登记机关办理更名变更，换领新的使用登记证。2台以上批量变更的，可以简化处理。登记机关在原使用登记证和原使用登记表上作注销标记。

241. 申请大型游乐设施的使用登记，应当具备哪些条件？

（1）申请人是该特种设备的使用管理人；

（2）申请人按照规定聘用取得相应资格的人员从事该特种设备的管理、作业工作；

（3）该特种设备的设计、制造、安装、改造等符合特种设备有关法律法规、安全技术规范和标准的要求；

（4）属于需要调试的成套设备或者机组的，使用管理人可以自投入使用之日起三十日内办理使用登记手续。

242. 大型游乐设施办理使用登记申请时应提交哪些资料？

使用单位申请办理特种设备使用登记时，应当逐台(套)填写使用登记表，向登记机关提交以下相应资料，并且对其真实性负责：

(1) 使用登记表(一式两份)；

(2) 含有使用单位统一社会信用代码的证明；

(3) 特种设备产品合格证；

(4) 特种设备监督检验证明(安全技术规范要求进行使用前首次检验的特种设备，应当提交使用前的首次检验报告)。

243. 大型游乐设施使用登记时限有何要求？

大型游乐设施在投入使用前或者投入使用后30日内，使用单位应当向特种设备所在地的直辖市或者设区的市的特种设备安全监管部门申请办理使用登记。目前有部分办理使用登记的直辖市或者设区的市的特种设备安全监管部门，已经委托其下一级特种设备安全监管部门办理使用登记。移动式大型游乐设施每次重新安装后、投入使用前，使用单位应当向使用地的登记机关申请办理使用登记。

244. 哪些情况下，大型游乐设施要办理使用登记变更？

大型游乐设施是按台(套)登记的，其改造、移装、变更使用单位或者使用单位更名、达到设计使用年限继续使用的，相关单位应当向登记机关申请变更登记。

245. 大型游乐设施的产权发生变化时，应当履行哪些手续？

(1) 大型游乐设施需要变更使用单位，原使用单位应当持原使用登记证、使用登记表和有效期内的定期检验报告到登记机关办理变更；或者产权单位凭产权证明文件，持原使用登记证、使用登记表和有效期内的定期检验报告到登记机关办理变更；登记机关应当在原使用登记证和原使用登记表上作注销标记，签发《特种设备使用登记证变更证明》；

(2) 新使用单位应当在投入使用前 30 日内，持《特种设备使用登记证变更证明》、标有注销标记的原使用登记表和有效期内的定期检验报告，按照《特种设备使用管理规则》3.4、3.5 要求重新办理使用登记。

246. 大型游乐设施验收检验报检的技术资料有哪些要求？

需要提供设计资料、关键零部件和焊缝探伤报告、产品出厂合格证及使用说明书、乘客需知、重要零部件材料证明、机电产品合格证、产品铭牌、基础检验资料、自检报告、运行检查维护记录、安装告知书以及相应制造许可证和安装许可证资质。

247. 大型游乐设施移装有何要求？

大型游乐设施移装通常是需要进行拆卸后移装的，因此使用单位应当选择取得相应许可的单位进行安装，移装前要到当地特种设备安全监督管理部门办理相关告知手续。按照有关安全技术规范要求，拆卸后移装需要进行检验的，应当向特种设备检验机构申请检验，经检验合格后并办理移装使用登记手续，方可投入使用。

248.《游乐设施安全技术监察规程(试行)》对检验机构授权范围有何规定？

目前大型游乐设施实行分级管理，分为A、B、C三级，A级游乐设施的监督检验由国家级检验机构负责，而B、C级游乐设施监督检验则由各省级检验机构负责，因此可能存在同一个游乐场，由不同的检验机构负责检验的情况。

249. 大型游乐设施运营使用单位聘(雇)作业人员有什么要求？

根据国家相关规定，特种设备使用单位应当聘(雇)用取得《特种设备作业人员证》的人员从事相关管理和作业工作，并对作业人员进行严格管理。特种设备作业人员应当持证上岗(见图5-1)。

图 5-1　持证上岗

250. 大型游乐设施作业人员考试和审核发证程序包括哪些?

大型游乐设施作业人员考试和审核发证程序包括:考试报名、考试、领证申请、受理、审核、发证。

251. 大型游乐设施作业人员申请《特种设备作业人员证》应当符合哪些条件?

(1) 年龄在18周岁以上;

(2) 身体健康并满足申请从事的作业种类对身体的特殊要求;

(3) 有与申请作业种类相适应的文化程度;

(4) 具有相应的安全技术知识与技能;

(5) 符合安全技术规范规定的其他要求。

252. 大型游乐设施作业人员所持《特种设备作业人员证》复审有什么要求?

《特种设备作业人员证》每4年复审一次。持证人员应当在复审期届满 3 个月前，向发证部门提出复审申请。对持证人员在 4 年内符合有关安全技术规范规定的不间断作业要求和安全、节能教育培训要求，且无违章操作或者管理等不良记录、未造成事故的，发证部门应当按照有关安全技术规范的规定准予复审合格，并在证书正本上加盖发证部门复审合格章。

253. 在什么情况下大型游乐设施作业人员所持《特种设备作业人员证》会被撤销？

(1) 持证作业人员以考试作弊或者以其他欺骗方式取得《特种设备作业人员证》的；

(2) 持证作业人员违反特种设备的操作规程和有关的安全规章制度操作，情节严重的；

(3) 持证作业人员在作业过程中发现事故隐患或者其他不安全因素未立即报告，情节严重的；

(4) 考试机构或者发证部门工作人员滥用职权、玩忽职守、违反法定程序或者超越发证范围考核发证的；

(5) 依法可以撤销的其他情形。

254. 大型游乐设施用人单位应如何管理特种设备作业现场和作业人员？

(1) 制定特种设备操作规程和有关安全管理制度；

(2) 聘用持证作业人员，并建立特种设备作业人员管理档案；

(3) 对作业人员进行安全教育和培训;

(4) 确保持证上岗和按章操作;

(5) 提供必要的安全作业条件;

(6) 其他规定的义务。

255. 大型游乐设施作业人员应当遵守哪些规定?

(1) 作业时随身携带证件,并自觉接受用人单位的安全管理和质量技术监督部门的监督检查;

(2) 积极参加特种设备安全教育和安全技术培训;

(3) 严格执行特种设备操作规程和有关安全规章制度;

(4) 拒绝违章指挥;

(5) 发现事故隐患或者不安全因素应当立即向现场管理人员和单位有关负责人报告;

(6) 其他有关规定。

256. 持有《特种设备作业人员证》的大型游乐设施人员可以在哪些地方作业?

持有《特种设备作业人员证》的人员(以下简称持证人员)经大型游乐设施用人单位雇(聘)用后,其《特种设备作业人员证》应当经大型游乐设施用人单位法定代表人(负责人、雇主)或者其授权人签章后,方可在许可的项目范围内在该大型游乐设施用人单位作业。《特种设备作业人员证》有效期内,全国范围有效。

257. 大型游乐设施作业人员所持《特种设备作业人员证》遗失了怎么办？

《作业人员证》遗失或者损毁的，持证人员应当及时应向发证部门挂失，并且在市级以上（含市级）特种设备安全监督管理部门的官方网站公共信息栏目中发布遗失声明，或者登报声明原《作业人员证》作废。如果1个月内无其他用人单位提出异议，持证人员可以委托原考试机构向发证部门申请补发。查证属实的，由发证部门补办《作业人员证》。原持证项目有效期不变，补发的《作业人员证》上注明“此证补发”字样。

258. 大型游乐设施安全管理人员取证要满足哪些基本条件？

(1) 年龄22周岁以上（含22周岁）、男性不超过60周岁、女性不超过55周岁；

(2) 具有高中以上（含高中）文化程度，并且经过专业培训，具有大型游乐设施安全技术和管理知识；

(3) 身体健康，无妨碍从事本工作的疾病和生理缺陷；

(4) 具有3年以上（含3年）大型游乐设施工作的经历。

259. 大型游乐设施对监控装置有什么要求？

对操作控制人员无法观察到游乐设施的运行情况，在可能发生危险的地方应设置监控设备，或者采

取其他必要的安全措施。

260. 大型游乐设施对安装监督检验的时限有什么要求?

大型游乐设施安装监督检验的时限要求。大型游乐设施安装单位应当在履行安装告知程序后,以书面形式向检验机构提出安装监督检验申请。检验机构接到申请后,应当在5个工作日内做出工作计划,与安装单位约定检验时间,并按约定时间实施检验。安装单位因故改变约定时间的,应当提前5个工作日向检验机构提出申请。

261. 大型游乐设施对定期检验的时限有什么要求?

大型游乐设施使用单位应当按照《特种设备安全监察条例》规定,在安全检验合格有效期届满前1个月主动向检验机构提出定期检验书面申请。检验机构在接到具备检验条件的申请后,应当在10个工作日内安排并实施检验。

262. 大型游乐设施的铭牌上至少有哪些内容?

应在大型游乐设施明显部位装设铭牌,铭牌内容至少应包括制造单位名称与地址、设备名称、编号、生产许可证号以及速度、高度、额定乘客数等技术参数(见图5-2)。

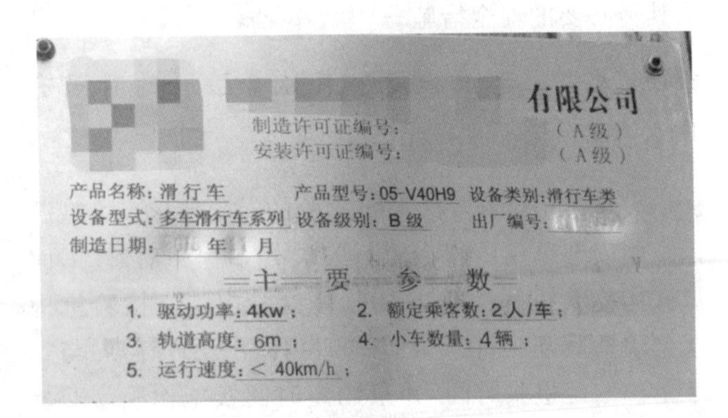

图 5-2　滑行车铭牌

263. 大型游乐设施对安全栅栏设置有什么要求？

大型游乐设施周围及高出地面 500 mm 以上的站台上，应设置安全栅栏及其他有效的隔离措施。室外安全栅栏不低于 1 100 mm，室内儿童娱乐项目，安全栅栏高度不低于 650 mm，栅栏的间隙和距离地面的间隙不大于 120 mm。

（1）栅栏应为竖向栅栏，不宜使用横向或斜向的结构；

（2）在进口处应有引导栅栏，站台应有防滑措施；

（3）栅栏门开启方向应与乘客行进方向一致；

（4）栅栏门的内侧应设立止推块，以防关闭过度后挤压游客（见图 5-3）。

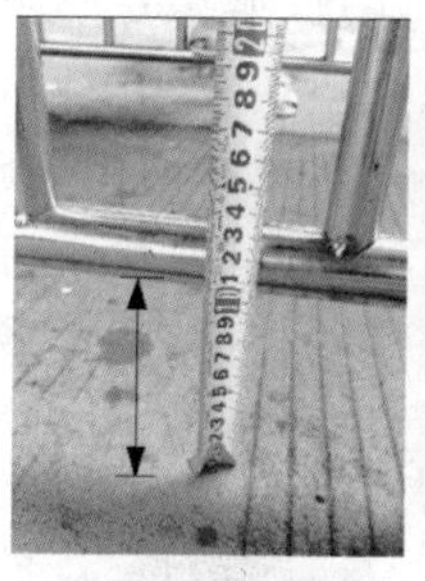

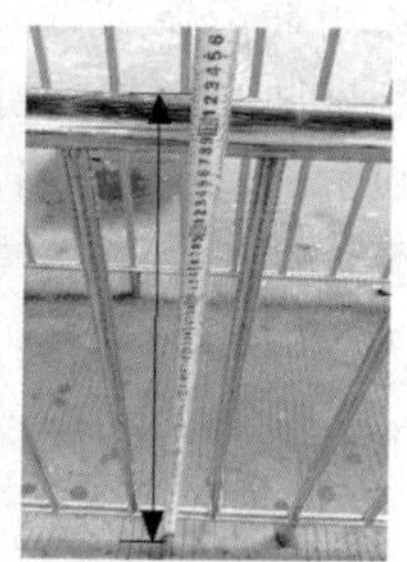

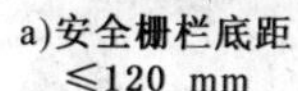

a)安全栅栏底距≤120 mm　b)安全栅栏间隙≤120 mm　c)安全栅栏栅高≥1.1 m

图 5-3　安全间隙要求

264. 大型游乐设施对防冲撞缓冲装置有什么要求?

(1) 可能产生碰撞的大型游乐设施,必须设有缓冲装置。

(2) 同一轨道、滑道、专用车道等有两组以上(含两组)无人操作的单车或列车运行时,应设防止相互碰撞的自动控制装置和缓冲装置。当有人操作时,应设有效的缓冲装置;

(3) 同一车场车辆应设置的缓冲装置,且缓冲装置应在同一高度上,并突出车体不小于 70 mm。

265. 大型游乐设施对封闭座舱进出口门有什么要求?

在空中运动的大型游乐设施,若座舱为封闭式的,其进出口的门,必须设两道门锁,以防在运动过程中,由于冲击振动或锁失效，舱门自动打开，乘客安全受到威胁。常见的游艺机如：观览车、太空船等，其进出口的门均为两道锁紧装置。图 5-4 是观览车的门，锁紧方式是在门把手上有一个撞块，可把门锁住。另外，还设一个插销，此插销必须装在座舱外面，防止乘客在运动过程中自行打开(见图 5-4)。

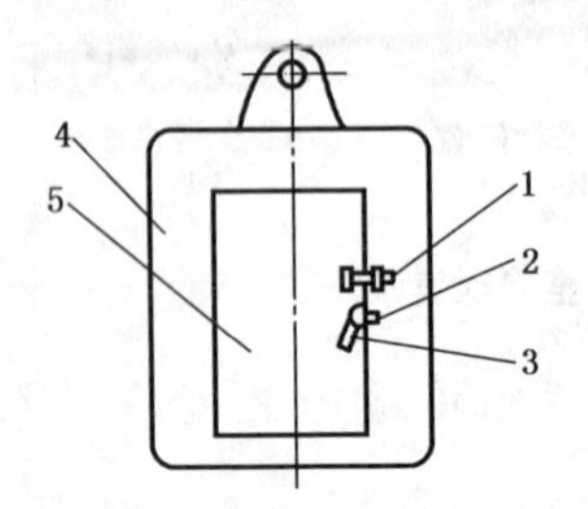

1—插锁；2—撞块；3—把手；4—座舱；5—门

a) 简图

b) 照片

图 5-4 双保险门

266. 大型游乐设施对非封闭座舱出口拦挡物有什么要求？

相关法规要求，大型游乐设施非封闭座舱进出口处的拦挡物，应设有带保险的锁紧装置，通常采用安全挡杆或挡链作为座舱进出口拦挡物。挡链一般都设置在儿童乘座的小型游艺机上，尽管小型游艺机速度慢，且大都在地面上运行，为了保证儿童安全，在进出口处要设拦挡物。下图是小火车进出口的拦挡物，大都采用环形链条，见图 5-5 和图 5-6。

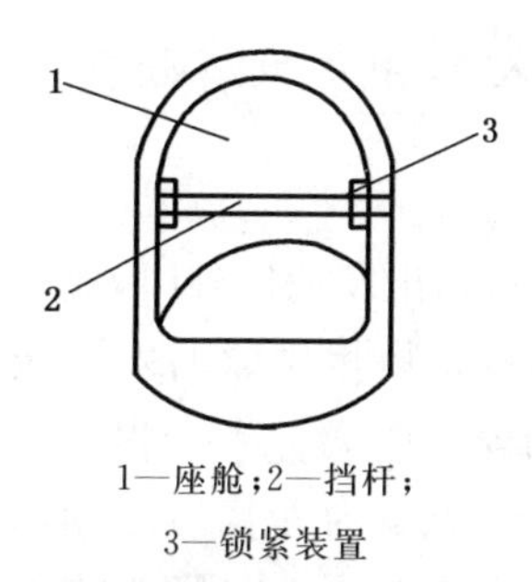

1—座舱；2—挡杆；
3—锁紧装置

图 5-5 安全挡杆简图

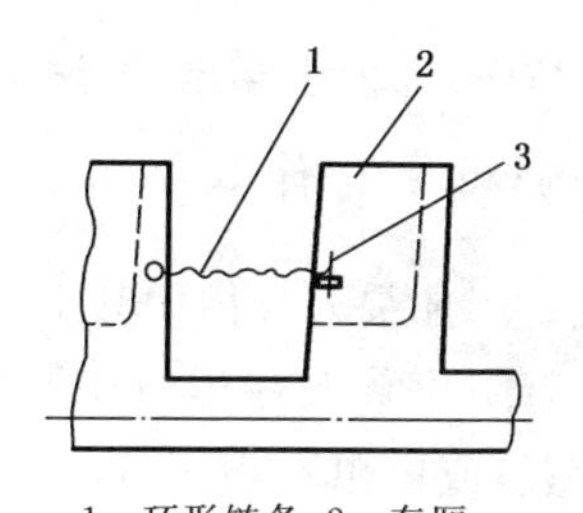

1—环形链条；2—车厢；
3—链条插销

图 5-6 安全挡链简图

267. 大型游乐设施对座舱把手设置有什么要求?

在轻微摇摆或升降速度较慢的、没有翻转没有被甩出危险的大型游乐设施上，所采用的乘客束缚装置一般为安全带，同时应配备辅助把手。把手虽小，但在安全方面，它却起着非常重要的作用。当大型游乐设施出现冲击振动时，只要抓住把手，就能使身体保持平衡，见图 5-7。

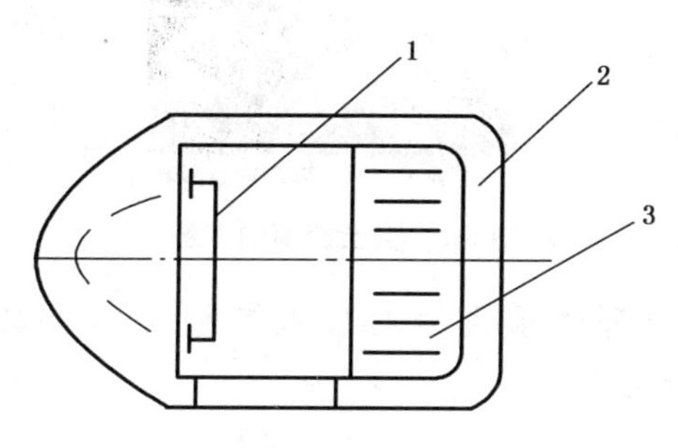

1—把手；2—座舱；3—座席

图 5-7 把手简图

268. 大型游乐设施对乘人部分与障碍物间安全距离有什么要求?

凡乘人身体的某个部位,可伸出座舱以外时,应设有防止乘人在运行中与周围障碍物相碰撞的安全装置,或留出不小于 500 mm 的安全距离。当全程或局部运行速度不大于 1 m/s 处时,其安全距离可适当减少,但不应小于 300 mm。从座席面至上方障碍物的距离不小于 1 400 mm。专供儿童乘坐的游乐设施不小于 1 100 mm,见图 5-8。

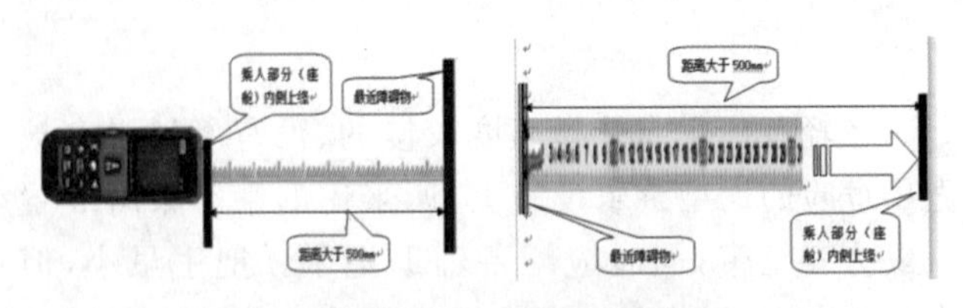

a) 用测距仪测量安全距离　　b) 用卷尺测量安全距离

c) 乘人部分与障碍物距离测量

图 5-8　安全距离的测量

269. 大型游乐设施对乘人部分进出口与站台高度有什么要求?

边运行边上下乘人的游乐设施,乘人部分的进出

口不应高出站台 300 mm。其他大型游乐设施乘人部分进出口距站台的高度，应便于上下（见图 5-9）。

a) 出口

b) 站台

图 5-9　摩天轮进出口与站台高度测量

270. 大型游乐设施对乘人部分的钢丝绳有什么要求？

（1）乘人部分使用的钢丝绳应符合相关的规定；

（2）卷筒和滑轮用的钢丝绳，宜选用线接触钢丝绳。在腐蚀环境中应选用镀锌钢丝绳。钢丝绳的性能和强度，应满足机构工况要求；

（3）提升乘人装置用的卷筒、滑轮直径与钢丝绳直径之比应不小于 30 倍。当钢丝绳对滑轮包角不大于 90°时，滑轮直径与钢丝绳直径之比不小于 20 倍。设计时应规定钢丝绳使用寿命；

（4）吊挂乘人部分的钢丝绳数量不得少于两根，与坐席部分的连接，必须考虑一根断开时能够保持平衡。

271. 大型游乐设施对使用的玻璃钢有什么要求？

(1) 不允许有浸渍不良、固化不良、气泡、切割面分层、厚度不均等缺陷；

(2) 表面不允许有裂纹、破损、明显修补痕迹、布纹显露、皱纹、凹凸不平、色调不一致等缺陷，转角处过渡要圆滑，不得有毛刺；

(3) 玻璃钢件与受力件直接连接时应有足够的强度，否则应预埋金属件；

(4) 玻璃钢件力学性能应能符合表5-1的规定。

表 5-1

项目	指标
抗拉强度/MPa	≥78
抗弯强度/MPa	≥147
弹性模量度/MPa	$\geq 7.3\times 10^3$
冲击韧度/(J/cm^2)	≥11.7

272. 大型游乐设施对使用的木材有什么要求？

游乐设施使用木材时，应选用强度好、不易开裂的硬木，木材的含水率应小于18%，并且必须作阻燃和防腐处理。例如木制过山车轨道、桁架(见图5-10)。

a) 轨道

b) 桁架

图 5-10　木制过山车轨道、桁架

273. 大型游乐设施对控制系统有什么要求?

(1) 控制系统必须满足游乐设备运行工况和乘客安全。采用逻辑程序控制时,逻辑控制应合理可靠,能满足设备安全运行要求;

(2) 采用自动控制或连锁控制时应有维修(维护)模式,应使每个运动能单独控制;

(3) 采用自动控制或连锁控制,当误操作时,设备不允许有危及乘客安全的运动;

(4) 采用无线遥控和接近开关等控制时,应充分考虑发射和接受感应组件抵抗外界干扰能力和对工作环境的敏感性,并应有故障检测及信号报警系统。

274. 大型游乐设施对限速和限位装置有什么要求?

(1) 有可能超速的大型游乐设施应设有防止超速的自动控制装置,控制装置应安全可靠;

(2) 大型游乐设施在运行中超过预定位置有可能

发生危险时，应有限位控制和极限位置控制装置，控制装置应安全可靠；

(3) 用卷筒和曳引机传动的大型游乐设施，必须设有防止钢丝绳过卷和松弛的控制和极限位置控制装置，正常运行情况下操作员不可见的多根钢丝绳传动系统应有断绳检测控制装置。

275. 大型游乐设施对电气接地有什么要求？

(1) 低压配电系统的接地型式应采用 TN-S 系统或 TN-C-S 系统；

(2) 电气设备中正常情况下不带电的金属外壳、金属管槽、电缆金属保护层、互感器二次回路等必须与电源线的地线(PE)可靠连接，低压配电系统保护重复接地电阻应不大于 10 Ω。接地装置的设计和施工应符合 GBJ 65、GB 50169 的规定。

276. 大型游乐设施对急停装置有什么要求？

(1) 操作台上必须设置紧急事故按钮(必要时站台上也应设置)，按钮型式应采用凸起手动复位式。不允许由于按动紧急事故按钮而造成危险；

(2) 紧急事故开关复位后不允许设备有重新动作(见图 5-11)。

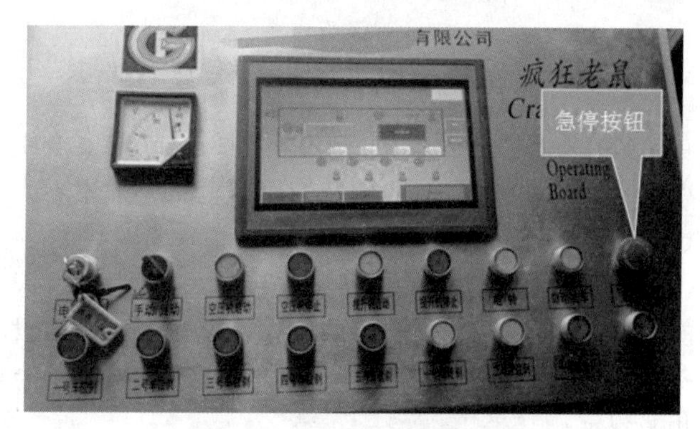

图 5-11　操作台上的急停按钮

277. 大型游乐设施对设置避雷装置有什么要求？

游乐设施高度超过 15 m 时和滑索上、下站及钢丝绳等应装设避雷装置，应设避雷装置，高度超过 60 m时还应增加防侧向雷击的避雷装置，避雷接地电阻不大于 30 Ω(见图 5-12)。

a) 摩天轮的避雷针

b) 过山车的避雷针

图 5-12　避雷装置

278. 大型游乐设施对安全电压有什么要求?

(1) 乘客易接触部位(高度小于 2.5 m 或安全距离小于 500 mm 范围内)的装饰照明电压应采用不大于 50 V 的安全电压;

(2) 由乘人操作的电器开关应采用不大于 24 V 的安全电压,对于工作电压难以满足上述要求的设备,其开关的操作杆和操作手柄等类似结构,应符合相关规定;

(3) 轨道带电在地面行驶的大型游乐设施,如儿童小火车等,轨道电压应不大于 50 V。架空行驶的游乐设施,如架空列车等,滑接线高度低于 2.5 m 处应设置安全栅栏和安全标识。

279. 大型游乐设施对工作电压不大于 50V 的电源变压器有什么要求?

工作电压不大于 50 V 的电源变压器的初、次级绕组间要采用相当于双重绝缘或加强绝缘水平的绝缘隔离,变压器的初、次级绕组间的绝缘电阻不小于 7 MΩ。变压器绕组对金属外壳间的绝缘电阻不小于 2 MΩ(见图 5-13)。

图 5-13　电源变压器

280. 水上游乐设施对漏电保护有什么要求?

安装在水泵房、游泳池等潮湿场所的电气设备以及使用非安全电压的装饰照明设备,应有剩余电流动作保护装置。剩余电流保护装置的技术条件应符合有关规定,其技术额定值应与被保护线路或设备的技术参数相配合;用于直接接触电击防护时,应选用0.1 s、30 mA 高灵敏度快速动作型的剩余电流保护器(见图 5-14)。

图 5-14 漏电保护开关

281. 水上游乐设施游乐池水深应满足哪些要求？

(1) 造波池的游乐区的水深应不大于 1.8 m，池底应为斜坡形式且坡度应不大于 8%；

(2) 水滑梯溅落区水深一般为 0.8 m～0.9 m；儿童滑梯溅落区水深应为 0.3 m～0.6 m；

(3) 特殊形式滑梯溅落区水深一般为 0.9 m～4 m；

(4) 漂流河水深应不大于 1.2 m；

(5) 幼儿池水深应不大于 0.3 m；儿童池水深应不大于 0.6 m。

282. 大型游乐设施对控制柜、操作台有什么要求？

控制柜、操作台等不得使用易燃材料制作；控制柜、操作台内保持清洁，不得堆放任何杂物。

控制室、电气控制台、电气控制柜的设计和电气设备、电器元件的安装位置应方便人员操作、维护和检修，控制按钮应有明显的识别标志、信号灯，按钮应符合规定（见图 5-15）。

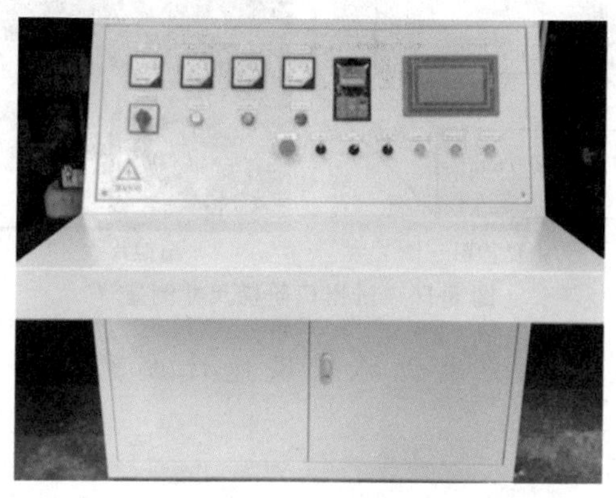

图 5-15　操作控制台

283. 大型游乐设施对照明灯具有什么要求？

对需要照明才能运行的室内或者其他场所的大型游乐设施，必须设置照明灯具，其照度应满足游乐设施的运行要求，室外或其他潮湿场所应选用防潮灯具；照明和装饰灯具的设计、选用和布置必须确保人身安全。

284. 大型游乐设施对进出口阶梯尺寸有什么要求?

进出口的阶梯纵向宽度不小于 240 mm,高度为 140 mm～200 mm,进出口为斜坡时,坡度不大于 1∶6;有防滑花纹的斜坡,坡度不大于 1∶4(见图 5-16)。

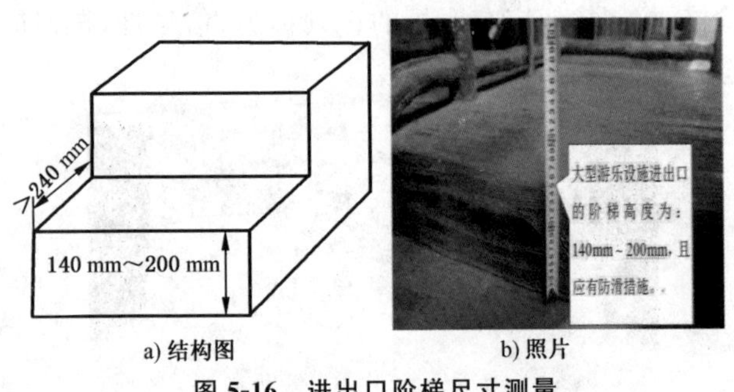

a) 结构图　　b) 照片

图 5-16　进出口阶梯尺寸测量

285. 大型游乐设施对风速计设置有什么要求?

高度 20 m 以上的大型游乐设施,在高度≥10 m 处应设有风速计,风速大于 15 m/s 时,必须停止运行(见图 5-17)。

图 5-17　风速计

286. 大型游乐设施对游乐池照度有什么要求?

造波池、儿童涉水池、儿童滑梯人工照明水面照度不低于 75 lx,其他水池不低于 50 lx。工作人员应使用照度计在水池距水面(300～500)mm 处测量,水池测试点不少于 4 点,取测量数值最小值,见图 5-18。

图 5-18　水面照度测量

287. 水滑梯安全滑行主要受哪些因素影响，辅助滑行工具有哪些？

水滑梯安全滑行主要受四个方面因素影响。一是设备的主体，本身运行的轨迹，它的表面质量、水量，曲率等设计是否合理，这应该是水上乐园设备制造单位要把控到位的。二是作业人员操作，要控制滑行总体重，对多人滑行的重量的要均匀分布，这个也是比较关键的。三是乘客滑行姿势，游客本身自己的姿势也会影响安全。四是滑行工具选用，如果选用的滑圈或滑板与滑道不匹配或存在质量问题也会影响滑行安全。水滑梯滑行工具形式多样，有单人、双人、三人、多人等，见图 5-19。

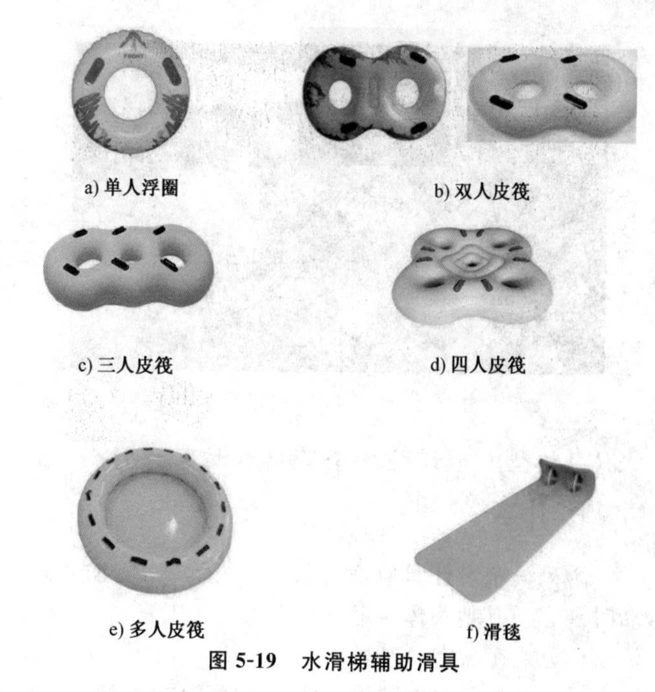

a) 单人浮圈　b) 双人皮筏　c) 三人皮筏　d) 四人皮筏　e) 多人皮筏　f) 滑毯

图 5-19　水滑梯辅助滑具

288. 地板馈电式碰碰车的车场应满足什么要求?

(1) 要求平整坚实,不得有凹凸不平。车场四周应设置缓冲拦挡物,拦挡物上边缘高于车辆缓冲轮胎上边缘,拦挡物下边缘低于车辆缓冲轮胎下边缘;

(2) 不小于车辆数量×20 m^2;

(3) 要有可靠的防雨措施;

(4) 车场极板应拼接紧密、平整,拼接处的高低差不大于 2 mm(见图 5-20)。

图 5-20　碰碰车的车场

289. 大型游乐设施安全距离和防护设计时，应考虑些什么？

游乐设施设计时应确定乘客的安全距离，防止运动时乘客与其他物体接触。应考虑以下因素：

(1) 乘客高度的限制；

(2) 乘载系统的形状和尺寸，包括：座位、扶手、座位背部和侧部、脚踏等；考虑设计的束缚装置，如压杠、安全带、肩部束缚装置等；乘载系统限制乘客伸出装载物的允许范围；

(3) 可能接触的物体及接触时的相对速度和方向；

(4) 所处区域内的可移动设备或部件，任何侵占安全距离的可移动系统或装置，如上/下客平台、甲板或其他设施；

(5) 乘人装置的位置或方向变化的可能性（如角度运动、侧向运动、无约束或无阻尼运动、自由摆动）。

290. 大型游乐设施使用维护保养说明书有何要求?

大型游乐设施应采用简体中文，对于有多种语言版本的，应以简体中文版本为准，至少应包含下列内容：

(1) 设备概述及结构简介；

(2) 技术性能及参数、运行条件；

(3) 操作规程及注意事项；

(4) 乘客须知；

(5) 保养及维护说明；

(6) 常见故障及排除方法；

(7) 整机和主要部件的设计使用寿命；

(8) 对管理操作维修服务等人员的要求；

(9) 易损零部件清单、报废要求与建议更换周期；

(10) 非正常状态下的乘客疏导措施和方法；

(11) 乘客人数限定、身高要求、年龄范围、生理限定以及儿童是否需在成人监护下乘坐等安全要求；

(12) 日检、周检、月检(含季检和半年检等)年检(含多年检)的项目及检验要求，与之对应的检验、检测(含无损检测)和试验方法，以及检验检测的比例等；

(13) 对于移动式游乐设施，应有安装及调试方法、场地要求等；

(14) 游乐设施总装图、电气原理图、液压气动原理图、用于指导维护保养检验检测的机械部件示意图、需要进行无损检测的重要焊缝和销轴示意图等；

（15）制造单位名称及详细通讯地址、服务或监督电话、邮箱和网址等。

291．大型游乐设施对材料或制件的涂装有何要求？

（1）防腐涂装要根据不同的材料及不同的工作环境，采用相应的工艺材料进行有效的防腐处理；

（2）所有需要进行涂装的金属制件表面在涂装前应将锈、氧化皮、油脂、灰尘等去除，焊接件需热处理的，则除锈工序应放在热处理工序之后进行，除锈方法、等级及适用范围符合有关规定；

（3）设备中不涂漆的裸露钢材制件、标准件等，须采用其他防腐处理；

（4）对安装过程中损坏的漆膜应进行修补，修补前应对表面进行清理。补漆部位的颜色、涂层厚度应与周围的颜色、涂层厚度一致；

（5）涂装施工要求按规定执行；

（6）铸件的非加工表面需清砂处理，如作抛丸处理应在处理后的6h内涂底漆。涂底漆前，铸件上的粉尘等物应清理干净。

292．大型游乐设施对设备基础及附属设施有何要求？

（1）制造单位应向有资质的土建设计单位提供游乐设施基础条件图，该土建设计单位依据地区气候条件、地质勘探报告等要求进行设计，出具施工图；

(2) 游乐设施的基础条件图应包括：基础地面布置，设备安装基座，地沟与预埋管、预埋件，避雷针与接地体，基础载荷图，安全系数，辅助设施布置，对应设备参数、外形尺寸及设备运行安全包络线，重点预埋件载荷等说明及有关要求；

(3) 游乐设施的土建基础或建筑物，应按设计图样和技术文件施工，经有关单位验收合格后，方能进行设备安装；

(4) 游乐设施安装时，应根据设计图样和技术文件的要求，确立安装基准，并进行测量和检验；

(5) 其他游乐设施的基础工程应符合 GB 50010、GB 50007 的规定。

293. 大型游乐设施进行设备调试试运行前应具备哪些条件？

设备调试试运行前应具备下列条件：

(1) 设备及其附属装置、管路等均应全部施工完毕，施工记录及资料应齐全；

(2) 试验条件、运行环境符合要求；

(3) 具备需要的动力、配套设施、检测仪器、安全防护设施及用具等；

(4) 根据设计要求，制定了调试大纲和试运行方案；

(5) 参加调试、试运行的人员，应熟悉设备的构造、性能、设备技术文件，了解设备调试技术要求，并应掌握操作规程及试运行操作。

294. 大型游乐设施空载、满载、偏载试验验证时如何规定？

(1) 设备的启动、换向、停机、制动和安全联锁等动作，均应正确、灵敏、可靠；

(2) 整机应运行正常，不准许有爬行和异常的振动、冲击、发热及声响；

(3) 各传动部件应平稳，无异常振动、窜动冲击、噪声、永久变形和磨损，轴承温升及油箱油温不得超过设备规定的最高温度；齿轮及齿条传动时，接触斑点百分率为：在齿高方向不小于 40%，在齿长方向不小于 50%，不应有偏啮合及偏磨损；

(4) 滚动轴承端盖处温升不大于 30 ℃，最高温度不大于 65 ℃，滑动轴承进油孔处温升不大于 35 ℃，且最高温度不大于 70 ℃；

(5) 各种仪表应工作正常；

(6) 润滑、液压、气动等辅助系统的工作应正常，无渗漏现象；

(7) 零部件及其连接应牢固可靠，不准许有永久变形和损坏现象；

(8) 在测量加速度时，应使用 5Hz 低通高频滤波器(滤波器边界斜度最小 6 dB/倍频程)。

295. 大型游乐设施传动和提升用的钢丝绳出现什么情况时应报废？

传动和提升用钢丝绳出现下列情况之一的，应报废：

(1) 传动和提升用钢丝绳的断丝和磨损超过允许值时；

(2) 整根绳股断裂；

(3) 钢丝绳的纤维芯或钢丝(或多层绳股的内部绳股)断裂,造成绳股显著减小时；

(4) 由于外部腐蚀钢丝绳表面出现深坑,钢丝绳相当松弛时；

(5) 经确认有严重的内部腐蚀时；

(6) 出现笼形畸变时；

(7) 绳股被挤出,这种状况通常伴随笼形畸变产生；

(8) 局部直径严重增大或减小时；

(9) 局部弯折、扭结或被压扁时；

(10) 受特殊热力的作用,外表出现可识别的颜色时；

(11) 超过设计及有关技术规程规定的使用寿命时。

296. 大型游乐设施焊缝经风险评价后等级划分有何规定?

大型游乐设施焊缝应经过风险评价确定其级别。风险评价中需考虑焊缝失效的可能性、失效后果的严重性、焊接的可检验性等因素。焊缝经风险评价分为四个等级,具体见表5-2。

表 5-2 焊缝分级表

焊缝等级	失效后果的严重性	失效的可能性(受力及接头形式)
Ⅰ级焊缝	直接涉及人身安全	承受拉力且作用力垂直于焊缝长度方向的对接焊缝或T形对接和角接组合煤缝
Ⅱ级焊缝	直接涉及人身安全	除上述焊缝外的其他焊缝
Ⅲ级焊缝	不直接涉及人身安全	承受拉力且作用力垂直于焊缝长度方向的对接焊缝或T形对接和角接组合焊缝
Ⅳ级焊缝	不直接涉及人身安全	除上述焊缝外的其他焊缝
注1：如果焊缝日常不方便检查或者涉及异种材料焊接等特殊情况，则适当提升该焊缝级别； 注2：Ⅰ级、Ⅱ级为重要焊缝，其余为一般焊缝。		

297. 大型游乐设施焊缝的无损检测要求有什么？

大型游乐设施所有应进行目视检测，焊缝的外观和内部无损检测质量等级要求见表 5-3。

表 5-3 焊缝的检测要求表

焊缝等级	检测要求
Ⅰ	100%目视检测、100%表面无损检测、100%的内部无损检测
Ⅱ	100%目视检测、100%表面无损检测、对接焊缝还应做20%的内部无损检测

续表 5-3

焊缝等级	检测要求
Ⅲ	100%目视检测、20%表面无损检测
Ⅳ	100%目视检测
对于工艺上无法进行内部无损检测的焊缝，应有详细的施焊记录和图片见证。	

298. 大型游乐设施钢丝绳端部固定采用绳夹固定时有何要求？

大型游乐设施钢丝绳端部采用绳夹固定时，U型螺栓应套在钢丝绳的短边上，重要部位钢丝绳直径与绳夹的数量和间距应符合表5-4规定。

表 5-4 钢丝绳绳夹数量和间距

钢丝绳直径/mm	绳夹数量/个	绳夹间距/mm
<9	3	50
9～16	4	80～100
18	5	110
22	5	130
24	5	150
28	5	180
32	6	200
36	7	230
38	8	250

299. 大型游乐设施验收检验和定期检验结论的判定条件是什么?

游乐设施验收检验和定期检验结论的判定条件为:

(1) 重要项目(检验项目中安全装置、保险装置、应急装置、重要轴、销轴超声波和磁粉(或渗透)探伤等检验项目均属于重要项目,下同)全部合格,一般项目(除重要项目外的其他检验项目均属于一般项目,下同)不合格不超过5项(含5项)且满足本条第3款要求时,结论可以判定为合格;

(2) 水上游乐设施重要项目全部合格,一般项目不合格不超过3项(含3项)且满足本条第3款要求时,结论可以判定为合格;

(3) 对上述两款条件中不合格但未超过允许项数的一般项目,检验机构应当出具整改通知单,提出整改要求。只有在整改完成并经检验人员确认合格后,或者在使用单位已经采取了相应的安全措施,在整改情况报告上签署监护使用的意见后,方可判定为合格;

(4) 凡不合格项超过(1)、(2)、(3)规定条件的,均判定为"不合格";

对判定为"不合格"的游乐设施,使用单位或施工单位修理整改后,可以申请复检。

300. 大型游乐设施监督检验必备的检测检验仪器设备有哪些？

按游乐设施监督检验规程规定，执行游乐设施监督检验的检验机构，至少应当配备下表中必备检测检验仪器设备（见表 5-5）。检验的仪器设备、计量器具和相应的检测工具，其精度应当满足表中提出的要求，属于法定计量检定范畴的，必须经检定合格，且在有效期内。部分常见检测设备见图 5-21。

表 5-5　游乐设施监督检验必备检测检验仪器设备表

序号	仪器设备名称	精度要求	备注
1	测速仪	±1 km/h	见图 5-21
2	测距仪	±1.5 mm	见图 5-21
3	硬度计	0.8%	
4	测厚仪	±(1%H+0.1)mm	见图 5-21
5	温度计	±1%	
6	测角度、坡度的仪器	±0.5°	
7	涂层测厚仪	±(3%H+1)μm	
8	风速表	±0.4 m/s	
9	温湿度计	±2%	
10	动、静态应变仪系统	静态系统<3%； 动态系统<8%	
11	垂直度测量仪	2 mm+2 μm	

续表 5-5

序号	仪器设备名称	精度要求	备注
12	水平度测量仪	2 mm+2 μm	
13	计时器	±0.5 s/d	
14	轨距测量器具	0.2 mm	
15	游标卡尺	0.02 mm	见图 5-21
16	钢板尺	1 级	
17	钢卷尺	1 级	
18	塞尺	1 级	
19	百分表	0.01 mm	
20	绝缘电阻测试仪	±1.5%	
21	接地电阻测试仪	±2%	
22	钳形表	±2%	
23	电压表	±1.0%	
24	超声波探伤仪	水平<1%;垂直<5%	见图 5-21
25	磁粉探伤仪	A1 试片	见图 5-21
26	X 射线探伤仪	≤1.5%	
27	钢丝绳探伤仪		
28	测力计	±0.6 N	
29	压力表	±7 Pa	
30	加速度测试仪		
31	力矩仪		

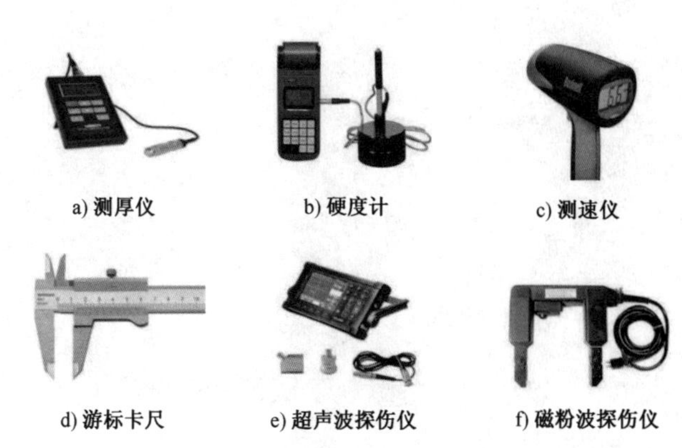

a) 测厚仪　b) 硬度计　c) 测速仪

d) 游标卡尺　e) 超声波探伤仪　f) 磁粉波探伤仪

图 5-21　部分常见检测设备